风电场建设与管理创新研究丛书

风电场安全生产管理

赵振宙　周彩贵　汪新金 等　编著

中国水利水电出版社
www.waterpub.com.cn
·北京·

内 容 提 要

本书是《风电场建设与管理创新研究》丛书之一。本书面向国家战略性新兴产业——风电产业，适应建设过程和运维过程中安全管理的需求，主要从陆上风电场建设、海上风电场建设和风电场运维三个方面分别进行阐述。全书包括了风电场安全生产管理基本理论、施工现场用电安全、机械设备及特种设备作业安全管理、施工安全作业基础管理、消防安全管理、安全运营生产方针、安全管理体系文件、风险评估和控制等；还系统阐述了职业卫生危害预防与管理的相关内容、应急管理的基础知识和安全事故调查分析的相关方法等。

本书可作为高等院校新能源科学与工程专业本科生教学参考书，也可作为海上、陆上风电场建设、运维，以及与风电场建设紧密相关的从业人员的培训用书。

图书在版编目（CIP）数据

风电场安全生产管理 / 赵振宙等编著. -- 北京 : 中国水利水电出版社, 2021.10
（风电场建设与管理创新研究丛书）
ISBN 978-7-5226-0226-4

Ⅰ. ①风… Ⅱ. ①赵… Ⅲ. ①风力发电－安全生产－生产管理 Ⅳ. ①TM614

中国版本图书馆CIP数据核字(2021)第223125号

书　　名	风电场建设与管理创新研究丛书 **风电场安全生产管理** FENGDIANCHANG ANQUAN SHENGCHAN GUANLI
作　　者	赵振宙　周彩贵　汪新金　等 编著
出版发行	中国水利水电出版社 （北京市海淀区玉渊潭南路1号D座　100038） 网址：www.waterpub.com.cn E-mail：sales@waterpub.com.cn 电话：(010) 68367658（营销中心）
经　　售	北京科水图书销售中心（零售） 电话：(010) 88383994、63202643、68545874 全国各地新华书店和相关出版物销售网点
排　　版	中国水利水电出版社微机排版中心
印　　刷	天津嘉恒印务有限公司
规　　格	184mm×260mm　16开本　15.75印张　326千字
版　　次	2021年10月第1版　2021年10月第1次印刷
印　　数	0001—3000册
定　　价	**78.00**元

《风电场建设与管理创新研究》丛书

编 委 会

《风电场建设与管理创新研究》丛书

主 要 参 编 单 位

（排名不分先后）

河海大学

哈尔滨工程大学

扬州大学

南京工程学院

中国三峡新能源（集团）股份有限公司

中广核研究院有限公司

国家电投集团山东电力工程咨询院有限公司

国家电投集团五凌电力有限公司

华能江苏能源开发有限公司

中国电建集团水电水利规划设计总院

中国电建集团西北勘测设计研究院有限公司

中国电建集团北京勘测设计研究院有限公司

中国电建集团成都勘测设计研究院有限公司

中国电建集团昆明勘测设计研究院有限公司

中国电建集团贵阳勘测设计研究院有限公司

中国电建集团中南勘测设计研究院有限公司

中国电建集团华东勘测设计研究院有限公司

中国长江三峡集团公司上海勘测设计研究院有限公司

中国能源建设集团江苏省电力设计研究院有限公司

中国能源建设集团广东省电力设计研究院有限公司

中国能源建设集团湖南省电力设计院有限公司

广东科诺勘测工程有限公司

内蒙古电力（集团）有限责任公司
内蒙古电力经济技术研究院分公司
内蒙古电力勘测设计院有限责任公司
中国船舶重工集团海装风电股份有限公司
中建材南京新能源研究院
中国华能集团清洁能源技术研究院有限公司
北控清洁能源集团有限公司
国华（江苏）风电有限公司
西北水利水电工程有限责任公司
广东粤电阳江海上风电有限公司
江苏省风电机组结构工程研究中心
中国水利水电科学研究院

本 书 编 委 会

主　　编　赵振宙　周彩贵　汪新金

副 主 编　王毓武　李　诺　王　林

参编人员　方志勇　白雪源　张婧宇　高全全　李文清　刘　蕊

　　　　　白雪飞　李　杨　王忠亮　王　浩

丛书前言

随着世界性能源危机日益加剧和全球环境污染日趋严重，大力发展可再生能源产业，走低碳经济发展道路，已成为国际社会推动能源转型发展、应对全球气候变化的普遍共识和一致行动。

在第七十五届联合国大会上，中国承诺“将提高国家自主贡献力度，采取更加有力的政策和措施，二氧化碳排放力争于2030年前达到峰值，努力争取2060年前实现碳中和。”这一重大宣示标志着中国将进入一个全面的碳约束时代。2020年12月12日我国在“继往开来，开启全球应对气候变化新征程”气候雄心峰会上指出：到2030年，风电、太阳能发电总装机容量将达到12亿kW以上。进一步对我国可再生能源高质量快速发展提出了明确要求。

我国风电经过20多年的发展取得了举世瞩目的成就，累计和新增装机容量位居全球首位，是最大的风电市场。风电现已完成由补充能源向替代能源的转变，并向支柱能源过渡，在我国经济发展中起重要作用。依托“碳达峰、碳中和”国家发展战略，风电将迎来与之相适应的更大发展空间，风电产业进入“倍速阶段”。

我国风电开发建设起步较晚，技术水平与风电发达国家相比存在一定差距，风电开发和建设管理的标准化和规范化水平有待进一步提高，迫切需要对现有开发建设管理模式进行梳理总结，创新风电场建设与管理标准，建立风电场建设规范化流程，科学推进风电开发与建设发展。

在此背景下，《风电场建设与管理创新研究》丛书应运而生。丛书在总结归纳目前风电场工程建设管理成功经验的基础上，提出适合我国风电场建设发展与优化管理的理论和方法，为促进风电行业科技进步与产业发展，确保工程建设和运维管理进一步科学化、制度化、规范化、标准化，保障工程建设的工期、质量、安全和投资效益，提供技术支撑和解决方案。

《风电场建设与管理创新研究》丛书主要内容包括：风电场项目建设标准化管理，风电场安全生产管理，风电场项目采购与合同管理，陆上风电场工程施工与管理，风电场项目投资管理，风电场建设环境评价与管理，风电场建设项目计划与控制，海上风电场工程勘测技术，风电场工程后评估与风电机组状态评价，海上风电场运行与维护，海上风电场全生命周期降本增效途径与实践，大型风电机组设计、制造及安装，智慧海上风电场，风电机组支撑系统设计与施工，风电机组混凝土基础结构检测评估和修复加固等多个方面。丛书由数十家风电企业和高校院所的专家共同编写。参编单位承担了我国大部分风电场的规划论证、开发建设、技术攻关与标准制定工作，在风电领域经验丰富、成果显著，是引领我国风电规模化建设发展的排头兵，基本展示了我国风电行业建设与管理方面的现状水平。丛书力求反映国内风电场建设与管理的实用新技术，创建与推广风电中国模式和标准，并借助“一带一路”倡议走出国门，拓展中国风电全球路径。

丛书注重理论联系实际与工程应用，案例丰富，参考性、指导性强。希望丛书的出版，能够助推风电行业总结建设与管理经验，创新建设与管理理念，培养建设与管理人才，促进中国风电行业高质量快速发展！

2020 年 6 月

本书前言

中国风电行业发展非常迅速，自“十二五”以来，风电装机容量年均增长20GW，居世界首位。2019年我国风电累计装机容量为2.1亿kW，占全国发电总装机容量的10.4%；发电量为4057亿kW·h，约占全口径电源总发电量的5%，为我国第三大电源。2020年风电行业持续快速增长，陆上风电和海上风电并举发展，1—8月风电新增装机容量1097万kW。“十四五”期间，预计新增风电装机容量约1.4亿kW。风电行业如此快速地发展，风电场安全生产至关重要。

中国的风电装机容量多年保持世界第一。在此发展过程中，风电场建设企业和运营企业在安全生产方面已积累了很多宝贵经验，形成了很多先进的理论和方法。为了促进行业协同发展，使我国风电行业安全生产更上一层楼，有必要将一些典型经验和管理方法总结出来汇集成本书。

风电包括陆上风电和海上风电，风电场生产也分为前期的建设和后期的运营两个阶段。为此，本书撰写按照如下思路展开：

第1章主要讨论了风电场安全生产管理的基本概念和理论，具体包括：安全生产管理基本概念；现代安全生产管理理论；风电场安全生产基础；风电场安全生产标准化；风电场安全生产教育培训；风电场安全检查；风电场隐患排查治理；风电场安全文化建设；风电场安全信息报送；风电场事故管理等。

第2章具体介绍了陆上风电场安全建设管理方法，具体包括：风电场施工现场临时用电安全管理；风电场施工机械设备及特种设备作业安全管理；风电场施工安全作业基础管理；风电场工程分部分项工程作业安全管理；风电场施工危险作业及危大工程安全管理；风电场施工消防安全管理；环境保护与文明施工等方面的内容。

第 3 章具体介绍了海上风电场安全建设管理方法，具体包括：风电场安全生产组织机构；风电场设备；风电场危险因素分析；风电场施工现场临时用电安全管理；风电场施工安全作业基础管理；风电场施工危险作业及危大工程安全管理；风电场施工消防安全管理；安全色、安全警示标识及航标设置、环境保护与文明施工等方面的内容。

第 4 章主要针对风电场建设完成以后，在运营和维护中的一些先进管理方法，具体包括：安全运营生产方针；风险预控管理体系方案；风电场安全生产运营体系制度文件；安全生产运营资源、机构、职责和权限；风电场运营中的危险源辨识、风险评估和控制；安全运营的能力、培训、意识和文化等；此外，也包括风电场运营和维护过程中的相关管理内容。

第 5 章主要从风电场建设和运维两个方面来讨论职业卫生危害预防与管理，具体包括：职业卫生法规标准体系简介；职业危害识别、评价与控制；职业卫生监督管理等。

第 6 章介绍了风电场应急管理与安全事故调查分析，具体包括：风电场预警基础知识、预警系统建立、预警控制、事故应急管理体系、事故应急预案编制、应急预案演练、事故报告、事故调查和安全事故处理等。

第 7 章主要针对风电场在安全生产方面的统计分析的相关方法和制度。通过统计、报表和评定的管理，做到对事故起因的合理分析；通过责任和人员考核的合理评定加强安全生产管理。

附表中列出了工程企业管理表格，反映建设和运行企业的系列管理方法和制度。

中国电建集团西北勘测设计研究院有限公司西北水利水电工程有限责任公司的周彩贵、王毓武、李诺、方志勇、白雪源、张婧宇、高全全、李文清、刘蕊等，中国电建集团华东勘测设计研究院有限公司的汪新金、白雪飞、李杨，国华（江苏）风电有限公司的王林，中国三峡新能源（集团）股份有限公司的王忠亮、王浩等，共同参与了本书的撰写并提供了很多宝贵材料。江瑞芳、冯俊鑫、玛尔瓦提·黑扎提和刘薇等研究生在本书撰写过程也提供了诸多帮助。同时本书开展的相关研究得到了国家自然科学基金项目（编号：51876054）的支持，在此一并表示感谢！

由于作者水平有限，本书中难免有不足之处，希望广大读者批评指正。

作者

2021 年 10 月

目　录

第 1 章　风电场安全生产管理基本理论

随着经济的发展，碳排放的限制，新能源成为很多国家关注的焦点。预计到 2030 年，我国非石化能源占一次能源消费比重目标为 20%，风电是其中的主要能源。根据风电机组位置不同，风电主要分为陆上风电和海上风电。

随着风电行业的快速发展，风电场的安全生产管理具有重要意义，既关系到每一位项目参与人员的安全健康，又体现出企业的社会责任，是现代工程项目管理的重要内容之一。本章简要介绍了风电场安全生产管理的基本概念、现代安全管理理论以及风电场安全生产相关制度要求等。

1.1　安全生产管理基本概念

1.1.1　安全生产、安全生产管理

1. 安全生产

安全生产是指为预防生产过程中发生人身伤害、设备事故，形成良好劳动环境和工作秩序而采取的一系列措施和活动；也可定义为生产过程中保护劳动者安全的一项方针，是企业管理必须遵循的一项原则，最大限度地减少劳动者的工伤和职业病，保障劳动者在生产过程中的生命安全和身体健康。前者将安全生产解释为企业生产的一系列措施和活动；后者则将其解释为企业生产的一项方针、原则和要求。根据现代系统安全工程的观点，安全生产是指在社会生产活动中，通过人、机、物料、环境的和谐运作，使生产过程中潜在的各种事故风险和伤害因素始终处于有效控制状态，切实保护劳动者的生命安全和身体健康。

2. 安全生产管理

安全生产管理是针对生产过程中的安全问题，运用有效资源，发挥人类智慧，通过人们的努力，进行决策、计划、组织和控制等活动，实现生产过程中人与机器设备、物料、环境的和谐。安全生产管理包括了安全生产法制管理、行政管理、监督检查、工艺技术管理、设备设施管理、作业环境和条件管理等方面。

(1) 安全生产管理的目标：减少和控制危害与事故，尽量避免生产过程中由事故

造成的人身伤害、财产损失、环境污染以及其他损失。

（2）安全生产管理的基本对象：企业所有人员、设备设施、物料、环境、财务、信息等各个方面。

（3）安全生产管理的内容：安全生产管理机构和安全生产管理人员、安全生产责任制、安全生产管理规章制度、安全生产策划、安全培训教育、安全生产档案等。

1.1.2　事故、事故隐患、危险、危险源与重大危险源

在安全生产管理中，常涉及事故、事故隐患、危险、危险源与重大危险源等概念。

1. 事故

事故多指生产、工作过程中发生的意外损失或灾祸。将职业事故定义为：由工作引起或者在工作过程中发生的事件，并导致致命或非致命的职业伤害。根据《企业职工伤亡事故分类标准》（GB 6441—1986），综合考虑起因物、引起事故的诱导性原因、致害物、伤害方式等，将企业工伤事故分为物体打击、车辆伤害、机械伤害、起重伤害、触电、淹溺、灼烫、火灾、高处坠落、坍塌、冒顶片帮、透水、放炮、火药爆炸、瓦斯爆炸、锅炉爆炸、容器爆炸、其他爆炸、中毒和窒息及其他伤害等。《生产安全事故报告和调查处理条例》（国务院令第 493 号）中对生产安全事故的定义为生产经营活动中发生的造成人身伤亡或者直接经济损失的事件。

2. 事故隐患

事故隐患为生产经营单位违反安全生产法律、法规、规章、标准、规程和安全生产管理制度的规定，或者因其他因素在生产经营活动中存在可能导致事故发生的物的危险状态、人的不安全行为和管理上的缺陷。

事故隐患又可分为一般事故隐患和重大事故隐患。

（1）一般事故隐患是指危害和整改难度较小，发现后能够立即整改排除的隐患。

（2）重大事故隐患是指危害和整改难度较大，应当全部或者局部停产停业，并经过一定时间整改治理方能排除的隐患，或者因外部因素影响致使生产经营企业自身难以排除的隐患。

3. 危险

危险是指系统中存在导致发生不期望后果的可能性超过了人们的承受程度。危险是人对事物的具体认识，必须指明具体对象，如危险环境、危险条件、危险状态、危险物质、危险场所、危险人员、危险因素等。从广义上来说，风险分为自然风险、社会风险、经济风险、技术风险和健康风险；而对于安全生产的日常管理，风险分为人、机、环境、管理等四类风险。

4. 危险源

从安全生产角度解释，危险源是指可能造成人员伤害和疾病、财产损失、作业环境破坏或其他损失的根源或状态。根据危险源在事故发生和发展中的作用，危险源一般划分为第一类危险源和第二类危险源，具体如下：

(1) 第一类危险源是指生产过程中存在的可能发生意外释放的能量，包括生产过程中各种能量源、能量载体或危险物质。这一类危险源决定了事故后果的严重程度，能量越多，导致的事故后果越严重。

(2) 第二类危险源是指导致能量或危险物质约束或限制措施破坏或失效的各种因素。其广义上包括物的故障、人的失误、环境不良以及管理缺陷等因素。此类危险源决定了事故发生的可能性，出现越频繁，事故发生的可能性越大。

在企业安全管理工作中，第一类危险源客观上已经存在并且在设计、建设时均采取了必要的控制措施。因此，企业安全工作重点是第二类危险源的控制问题。从上述意义上来讲，危险源可以是一次事故、一种环境、一种状态的载体，也可以是产生不期望后果的人或物。例如：液化石油气在生产、储存、运输和使用过程中，可能发生泄漏，引起中毒、火灾或爆炸事故，此时充装了液化石油气的储罐是危险源。又如：原油储罐的呼吸阀已经损坏，当其储存了原油后，损坏的原油储罐呼吸阀是危险源。再如：当没有完善的操作标准，可能使工作人员出现不安全行为，此时没有操作标准也是危险源。

5. 重大危险源

对危险源进行分级管理，为防止重大事故发生，提出了重大危险源的概念。广义上来讲，可能导致重大事故发生的危险源就是重大危险源。重大危险源是指长期或临时地生产、搬运、使用或者储存危险物品，且危险物品的数量等于或者超过临界量的单元（包括场所和设施）。

1.1.3 安全、本质安全、安全许可

安全与危险是相对的概念，是人对生产、生活中是否可能遭受健康损害和人身伤亡的综合认识。按照系统安全工程的认识论，无论是安全还是危险都是相对的。

1. 安全

安全泛指没有危险、不出事故的状态。生产过程中的安全，即安全生产，是指“不发生工伤事故、职业病、设备或财产损失”。工程上的安全性是用概率表示的近似客观量，以衡量安全的程度。系统工程中的安全概念认为世界上没有绝对安全的事物，任何事物中都包含不安全因素，具有一定的危险性。安全是一个相对的概念，危险性是对安全性的隶属度，当危险性低于某种程度时，可以认为是安全的。

2. 本质安全

本质安全是指通过设计等手段使生产设备或生产系统本身具有安全性，即使在误操作或发生故障的情况下也不会造成事故。具体包括失误、故障两个方面的内容。

（1）失误是指操作者即使操作失误也不会发生事故或伤害，或者说设备、设施和技术工艺本身具有自动防止人的不安全行为的功能。

（2）故障是指当设备、设施或生产工艺发生故障或损坏时，还能暂时维持正常工作或自动转变为安全状态。

上述两种安全功能应该是设备、设施和技术工艺本身固有的，即在规划设计阶段就被纳入其中，而不是事后补偿的。本质安全是生产中“预防为主”的根本体现，也是安全生产的最高境界。实际上，由于受技术、资金和人对事故的认识等原因的影响，目前还很难做到本质安全，只能作为追求的目标。

3. 安全许可

安全许可是指国家对矿山企业、建筑施工企业和危险化学品、烟花爆竹、民用爆破器材生产企业实行安全许可制度。企业未取得安全生产许可证的，不得从事生产活动。

1.2　现代安全生产管理理论

随着安全科学技术和管理科学的发展，系统安全工程原理和方法的提出，拓展了安全生产管理理论。

20 世纪 50 年代现代安全生产管理理论被引入我国。20 世纪 60—70 年代，我国开始研究事故致因理论、事故预防理论和现代安全生产管理思想。20 世纪 80—90 年代，我国开始研究企业安全生产风险评价、危险源辨识和监控，一些企业管理者尝试开展安全生产风险管理。20 世纪末，我国与世界其他工业化国家同步研究并推行了职业健康安全管理体系。进入 21 世纪，我国学者提出了系统化的企业安全生产风险管理理论雏形，认为企业安全生产管理是风险管理，管理的内容包括危险源辨识、风险评价、危险预警与监测管理、事故预防与风险控制管理及应急管理等。该理论将现代风险管理完全融入安全生产管理之中。

安全生产管理为管理的主要组成部分，遵循管理的普遍规律，既服从管理的基本原理与原则，又有其特殊性。

（1）安全生产管理原理是从生产管理的共性出发，对生产管理中安全工作的实质内容进行科学分析、综合、抽象与概括所得出的安全生产管理规律。

（2）安全生产管理原则是指在生产管理原理的基础上，指导安全生产活动的通用规则。

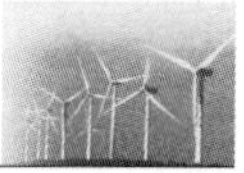

1.2.1 系统原理

系统原理是现代管理学最基本的原理，是指人在从事管理工作时，运用系统理论、观点和方法，对管理活动进行充分的系统分析，以达到管理优化目标，即用系统论的观点、理论和方法来认识和处理管理中出现的问题。任何管理对象都可作为一个系统。系统可分为若干子系统，子系统又可分为若干要素。按照系统原理的观点，管理系统的特征为集合性、相关性、目的性、整体性、层次性和适应性。安全生产管理系统是生产管理的一个子系统，包括各级安全管理人员、安全防护设备与设施、安全管理规章制度、安全生产操作规范和规程以及安全生产管理信息等。安全贯穿于生产活动中，安全生产管理是全方位、全天候且涉及全体人员的管理。

系统原理的运用原则包括动态相关性原则、整分合原则、反馈原则和封闭原则。

(1) 动态相关性原则是指构成管理系统的各要素是运动和发展的，它们相互联系又相互制约。显然，如果管理系统的各要素都处于静止状态，就不会发生事故。

(2) 整分合原则是指高效的现代安全生产管理必须在整体规划下明确分工，在分工基础上有效综合。运用该原则要求企业管理者在制定整体目标和进行宏观决策时，必须将安全生产纳入其中；在考虑资金、人员和体系时，都必须将安全生产作为一项重要内容考虑。

(3) 反馈原则是控制过程中对控制机构的反作用。成功、高效的管理，离不开灵活、准确、快速的反馈。企业生产的内部条件和外部环境在不断变化，所以必须及时捕获、反馈各种安全生产信息，以便及时采取行动。

(4) 封闭原则是指在任何一个管理系统内部，管理手段、管理过程等必须构成一个连续封闭的回路，才能形成有效的管理活动。在企业安全生产中，各管理机构之间、各种管理制度和方法之间，必须具有紧密的联系，形成相互制约的回路，才能有效。

1.2.2 人本原理

人本原理是指在管理中必须把人的因素放在首位，体现以人为本的指导思想。其具体有两层含义：①一切管理活动都是以人为本展开的，人既是管理主体，又是管理客体，每个人都处在一定的管理层面上，离开人就无所谓管理；②管理活动中，作为管理对象的要素和管理系统各环节，都需要人掌管、运作、推动和实施。

人本原理的运用原则如下：

(1) 动力原则。推动管理活动的基本力是人，管理必须有能够激发人的工作能力的动力，这就是动力原则。管理系统有 3 种动力，即物质动力、精神动力和信息动力。

（2）能级原则。现代管理认为企业和个人都具有一定的能量，且可按照能量的大小顺序排列，形成管理的能级。在管理系统中，建立一套合理能级，根据企业和个人能量的大小安排其工作，发挥不同能级的能量，保证结构的稳定性和管理的有效性，这就是能级原则。

（3）激励原则。利用某种外部诱因的刺激来调动人的积极性和创造性，以科学的手段来激发人的内在潜力，使其充分发挥积极性、主动性和创造性，这就是激励原则。人的工作动力来源于内在动力、外部压力和工作吸引力。

（4）行为原则。需要与动机是人的行为基础，人的行为规律决定动机，动机产生行为，行为指向目标，目标完成需要得到满足，于是又产生新的需要、动机和行为以实现新的目标。

1.2.3　预防原理

安全生产管理工作应该做到预防为主，通过有效的管理和技术手段，减少和防止人的不安全行为和物的不安全状态，从而使事故率降到最低，这就是预防原理。在可能发生人身伤害、设备或设施损坏以及环境破坏的场合，采取措施来防止事故发生。

预防原理的运用原则包括：

（1）偶然损失原则。事故后果以及后果严重程度都是随机的和难以预测的。反复发生的同类事故的后果并不一定相同，这就是事故损失的偶然性。偶然损失原则指出不论事故损失的大小，都必须做好预防工作。

（2）因果关系原则。事故发生是许多因素互为因果连续发生的最终结果，只要诱发事故的因素存在，发生事故是必然的，只是时间或迟或早而已，这就是因果关系原则。

（3）“3E”原则，即工程技术（Engineering Technology）对策、教育（Education）对策和法制（Enforcement）对策。造成人的不安全行为和物的不安全状态的原因可归结为 4 个方面，即技术原因、教育原因、身体和态度原因、管理原因。针对这 4 个方面的原因，可采取“3E”原则预防对策。

（4）本质安全化原则。本质安全化原则是指从一开始和从本质上实现安全化，从根本上消除事故发生的可能性，达到预防事故发生的目的。本质安全化原则不仅可应用于设备、设施，还可应用于建设项目。

1.2.4　强制原理

采取强制管理的手段控制人的意愿和行为，使个人的活动、行为等受到安全生产管理要求的约束，从而实现有效的安全生产管理，这就是强制原理。强制意味着绝对服从，不必经过管理者同意便可采取控制行动。

强制原理的运用原则如下：

(1) 安全第一原则。安全第一原则要求在进行生产和其他工作时把安全工作放在一切工作的首要位置。当生产和其他工作与安全发生矛盾时，要以安全为主，生产和其他工作服从于安全，这就是安全第一原则。

(2) 监督原则。监督原则是指在安全工作中，为了使安全生产法律法规得到落实，必须明确安全生产监督职责，对企业生产中的守法和执法情况进行监督。

1.3 风电场安全生产基础

企业是安全生产的主体，要健全和完善严格的安全生产规章制度，坚持不安全不生产。风电场生产企业要设立独立的安全生产管理机构，配备足够的专职安全生产管理人员，取得安全生产许可证后，方可从事风电场工程活动。企业要依法履行安全责任，不得压缩风电场工程项目的合理工期、合理造价，及时支付安全生产费用。监理单位要熟练掌握风电场建设过程中的安全生产方面的法律法规和标准规范相关内容，严格实施施工现场的安全监理。

1.3.1 安全生产条件

风电场生产企业应当具备有关法律、法规、标准规定的安全生产条件，在风电场建设设施、设备、人员、管理制度、工艺技术等各方面都要达到相应的要求，防止生产安全事故的发生。不具备安全生产条件的，不得从事风电场建设和运行等相关活动。

1.3.2 安全生产管理机构和人员配备

风电场生产企业应当设置安全生产管理机构、配备专职安全生产管理人员，专职安全生产管理人员的数量和素质应满足有关法规、制度的要求。

(1) 对于风电场建设项目，施工总承包企业专职安全生产管理人员应满足：合同额5000万元以下的工程不少于1人；合同额5000万～1亿元的工程不少于2人；合同额1亿元以上的工程不少于3人，且按专业配备专职安全生产管理人员。

(2) 风电场建设项目施工分包企业专职安全生产管理人员应满足：专业承包单位不少于1人，并根据所承担的分部分项工程的工程量和施工危险程度增加；劳务分包企业施工人员在50人以下的，应当配备1名专职安全生产管理人员；劳务分包企业施工人员为50～200人的，应当配备2名专职安全生产管理人员；劳务分包企业施工人员为200人及以上的，应当配备3名及以上专职安全生产管理人员，并根据所承担的分部分项工程施工危险程度增加，不得少于工程施工人员总人数的5‰。

1.3.3　安全生产责任制

风电场相关生产企业必须建立健全全员安全生产责任制度。安全生产责任制是由企业主要负责人、各级管理人员、技术人员和各职能部门以及各岗位操作人员应负的安全生产责任所构成的企业全员安全生产制度。安全生产责任制是企业安全生产规章制度中的重要组成部分，安全生产的灵魂、前提，企业发展的基础。

安全生产责任制可增强风电场生产企业主要负责人，各级管理、技术人员和各职能部门，以及各岗位操作人员对安全生产的责任感，充分调动各级人员、各级管理部门安全生产的积极性和主观能动性，加强自主管理，落实责任。通过安全生产责任体系明确风电场生产单位负责人、管理人员、从业人员的安全生产责任制，层层分解落实安全生产责任到风电场建设各场所、各环节、各有关人员。

1.3.4　安全生产资金投入

风电场生产企业要严格按照有关规定，足额提供安全生产费用，不得扣减。施工企业必须将安全生产费用全部用于安全生产方面，不得挪作他用。

安全生产费用使用范围如下：

(1) 完善、改造和维护安全防护设施设备［不含“三同时（即同时设计、同时施工、同时投入生产和使用）”要求初期投入的安全设施］支出，包括现场临时用电系统、洞口、临边、机械设备、高处作业防护、交叉作业防护、防火、防爆、防尘、防毒、防雷、防台风、防地质灾害、地下工程有害气体监测、通风、临时安全防护等。

(2) 配备、维护、保养应急救援器材、设备支出和应急演练支出。

(3) 开展重大危险源和事故隐患评估、监控和整改支出。

(4) 安全生产检查、咨询、评价（不包括新建、改建、扩建项目安全评价）和标准化建设支出。

(5) 配备和更新现场作业人员安全防护用品支出。

(6) 安全生产宣传、教育、培训支出。

(7) 安全生产适用的新技术、新装备、新工艺、新标准的推广应用支出。

(8) 安全设施及特种设备检测检验支出等。

1.3.5　安全生产规章制度和安全操作规程

风电场生产单位应建立健全安全生产规章制度和安全操作规程。

1. 安全生产规章制度

(1) 各级人员及部门的安全生产责任制。例如：企业主要负责人的安全生产责任制；安全生产管理人员（包括专兼职人员、其他管理人员）的安全生产责任制；其他

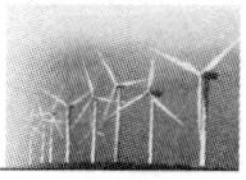

从业人员的安全生产责任制等。

(2) 综合安全管理制度。例如：安全生产教育；安全生产检查；伤亡事故管理；“三同时”，安全工作“五同时”即生产计划中同时有安全生产目标和措施；布置工作中同时有安全生产要求；检查工作中同时有安全生产项目；评比方案中同时有安全生产条款；总结报告中同时有安全生产内容，安全值班，安全奖惩，承包安全管理制度等。

(3) 安全技术管理制度。例如：特种作业管理制度；危险作业审批管理制度；特种设备安全管理制度；危险场所安全管理制度；易燃易爆有毒有害物品安全管理制度；厂区交通运输安全管理制度；消防管理制度等。

(4) 职业卫生管理制度。例如：有毒有害物质检测制度；职业病检查制度；职业中毒管理制度；员工身体检查制度等。

(5) 其他有关制度。例如：女工保护制度；休息休假制度；劳动保护用品与保健食品发放制度等。

2. 安全操作规程

安全操作规程是根据生产性质、设备设施特点和技术要求，结合实际给各工种工作人员制定的安全操作守则，是企业实行安全生产的一种基本文件要求，也是对工作人员进行安全教育的主要依据，主要包括岗位安全操作规程、设备设施安全操作规程、工器具安全操作规程、工艺操作规程等。

1.4 风电场安全生产标准化

风电场安全生产标准化是基于《企业安全生产标准化基本规范》(GB/T 33000—2016) 来实施的，重在对接国内企业进行安全管理，形成一套统一化、形式化的模板。安全生产标准化是由企业通过落实企业安全生产主体责任，全员全过程参与，建立并保持安全生产的管理体系，全面管控生产经营活动各环节的安全生产与职业卫生工作，实现安全健康管理系统化、岗位操作行为规范化、设备设施本质安全化、作业环境器具定置化，并持续改进。

1.4.1 主要内容

风电场安全生产标准化的主要内容有目标职责、制度化管理、教育培训、现场管理、安全风险管控及隐患排查治理、应急管理、事故管理和持续改进 8 个方面，如图1-1所示。

1. 目标职责

安全生产的目标包括：建立安全生产目标管理制度；制定安全生产总目标、年度

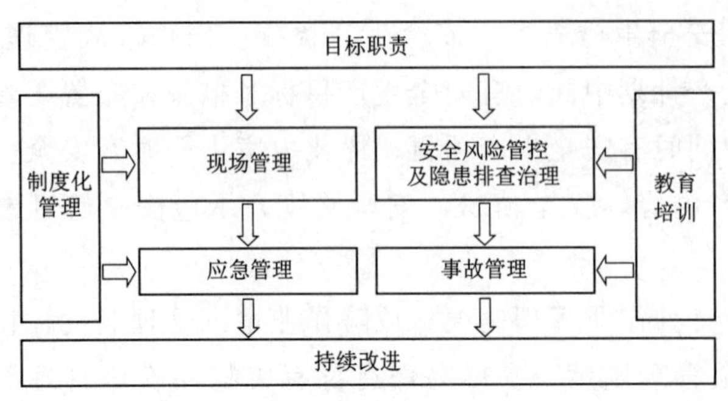

图 1-1　风电场安全生产标准化主要内容

安全生产和职业卫生管理目标与指标；分解年度安全生产和职业卫生管理目标，签订安全生产责任书；制定并落实安全生产目标保证措施、安全生产与职业卫生管理目标实施计划和考核办法；对安全生产和职业卫生管理目标和指标实施计划的执行情况进行检查，及时开展安全生产目标的完成效果评估考核。

安全生产的职责为设置安全管理、职业卫生、应急管理机构并明确职责分工，配备安全管理人员、职业卫生、应急管理人员，建立健全全员安全生产责任制，及时开展检查考核。建立安全生产投入保障管理制度，按规定提取、使用安全生产费用。建立员工工伤保险或安全生产责任保险的管理制度，按规定及时投保。开展企业安全文化建设、安全生产信息化建设、安全风险管控和隐患排查治理双机制建设。

2. 制度化管理

（1）建立安全生产法律法规、标准规范管理制度，及时识别、获取适用的安全生产法律法规和其他要求，并及时传达给从业人员和相关方。

（2）建立健全安全生产规章制度体系、安全操作规程，并及时进行宣贯、培训。

（3）适时评估安全生产法律法规、标准规范、规范性文件、规章制度、操作规程的适用性、有效性和执行情况。

（4）安全生产资料档案的收集、整理、标识、保管、使用和处置要符合要求。

3. 教育培训

建立安全教育培训管理制度，按计划开展安全教育培训，评估教育培训效果。主要负责人、项目负责人和专职安全生产管理人员按规定参加教育培训、考核，并取得合格证书。及时开展新员工“三级”安全教育培训、“四新”教育、转岗离岗教育、特种作业人员安全教育以及供应商、承包商等相关方的作业人员入场安全教育培训。外来检查、参观学习者做好安全告知。

4. 现场管理

建立设备设施管理制度，设置设备设施管理机构并配备人员，开展设备设施采购、验收与安全管理，按规定开展特种设备安全管理，把租赁设备和分包企业设备的安全纳入统一管理。做好施工技术管理，设置施工技术管理机构，做好施工图纸管理，涉及的危险性较大部分项工程应编制专项施工方案。施工现场临时用电设备在 5

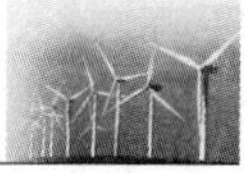

台及以上或设备总容量在50kW及以上者，应编制施工现场临时用电组织设计。建立施工用电管理制度，制定安全用电和电气防火措施。制定防洪度汛方案和超标准洪水应急预案，设立防洪度汛组织机构，落实防汛抢险队伍及物资。建立交通安全管理制度，配备完善的交通安全防护设施、警示标志。建立消防安全管理制度，设立消防安全管理机构，配备完善的消防设施、器材。做好易燃易爆危险品管理，建立易燃易爆危险品管理制度，制定易燃易爆危险品仓储、运输、使用安全措施。

风电场作业存在高边坡、基坑、爆破、水上水下作业、高处作业、焊接作业、临近带电体作业、起重吊装、交叉作业、有（受）限空间作业等危险作业项目。建立相应的现场管理制度，编制安全技术措施，做好危险作业项目管理。

5. 安全风险管控及隐患排查治理

安全风险管控要建立风险管理制度，制定生产设备设施或场所环境、作业过程、行为的风险辨识、评价和控制措施，实施风险分级分类差异化动态管控。依据法规标准进行重大危险源辨识，制定重大危险源监控技术措施和组织措施，定期检测、检验，开展培训，设立警示标志和警示牌，制定应急预案。

建立隐患排查治理管理制度、事故隐患报告和举报奖励制度、事故隐患治理和建档监控制度，制定重大事故隐患评估、隐患排查工作方案，如实记录事故隐患排查治理情况并向从业人员通报，做好隐患统计分析和报告，完善隐患排查治理信息系统。建立安全生产预测预警体系，定期进行预测预警。

6. 应急管理

应急准备要建立事故应急救援制度，设立安全生产应急管理机构，安排专人负责安全生产应急管理工作，设置专兼职应急救援队伍，开展应急救援队伍和人员训练，制定并完善应急预案体系，建立应急装备，储备应急物资台账。

（1）应急处置。应急先期处置得当，及时启动应急预案，按规定进行事故报告。

（2）应急评估。定期编制应急评估报告，并根据应急评估及时做好应急预案修订。

7. 事故管理

制定事故报告和调查处理制度，事故发生后能够及时、如实报告，组织或参与事故调查处理，做好事故档案管理。

8. 持续改进

（1）绩效评定。建立安全生产标准化绩效评定管理制度，定期开展安全生产标准化实施情况评定。

（2）持续改进。制定安全标准化工作计划和措施，根据评定结果及时修订完善安全生产标准化内容，做到持续改进。

1.4.2　达标创建

风电场工程建设过程中的安全生产标准化达标创建，从以下方面开展：

1. 策划准备，制定目标

应成立相应组织机构，明确职责，做好达标创建策划方案，确定达标创建目标，根据目标来制定推进方案，分解落实达标建设责任，明确在安全生产标准化建设过程中确保各部门按照任务分工，顺利完成各阶段工作目标。

2. 教育培训

为做好安全标准化达标创建，要组织进行安全生产标准化全面系统的教育培训，包括：①通过对企业领导层的宣贯和培训，让领导层充分认识到安全生产标准化达标创建工作的重要性；②通过对执行人员的专业培训，确保在实施过程中准确理解和执行安全生产标准化条款；③通过对岗位员工的专项培训，确保规章制度和操作规程的有效落实；④通过宣传教育，促进全员参与。

3. 现状梳理

对照相应专业评定标准（或实施细则），对企业各职能部门及下属各单位安全管理情况、现场设备设施状况进行现状摸底，摸清各单位存在的问题和缺陷。现状摸底的结果作为企业安全生产标准化建设各阶段进度任务的针对性依据。

企业要根据自身经营规模、行业地位、工艺特点及现状摸底结果等因素及时调整达标目标，注重建设过程，确保有效可靠。

4. 管理文件制定修订

安全管理制度、操作规程等安全生产标准化的核心是要具备符合性和有效性。企业要对照评定标准，对主要安全管理文件进行梳理，结合现状摸底所发现的问题，准确判断管理文件亟待加强和改进的薄弱环节，提出有关文件的制定修订计划，并严格实施。

5. 实施运行及整改

根据制定修订后的安全生产责任制、规章制度、操作规程等，企业要在日常工作中进行实际运行。根据运行情况，对照评定标准的条款，按照有关程序，将发现的问题及时进行整改完善。

6. 企业自评

按照安全生产标准化达标评级要求，企业应在标准化达标创建取得一定成效的基础上，按计划开展企业自评。自评结果应及时报送评审机构。

7. 外部评审

外部评审机构收到企业开展安全生产标准化评审申请，在企业自评的基础上，开展核查、评审，出具评审意见。主管部门核验后，颁发达标证书。

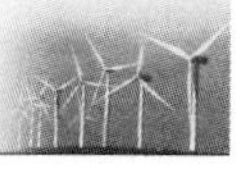

8. 注意事项

企业是安全生产标准化的主体。安全生产标准化是一种专门针对企业的安全生产行为，也是企业遵守《中华人民共和国安全生产法》和《中华人民共和国公司法》的具体体现。因此，安全生产标准化是任何一家承诺遵守国家法律的企业都应该做好的事情，企业也理所应当地成为安全生产标准化达标创建的主体。

安全生产标准化是为了企业管理提升，而不是为了达标拿证书。作为企业，应当通过安全生产标准化达标创建的过程来实现自我检查、自我纠正和自我完善；做好安全生产标准化与原有管理体系之间的融合。安全生产标准化不能抛开企业现有的体系和制度，而要与企业相关管理工作相融合。在原有体系要素的基础上，增加安全生产标准化的要素和要求；在先行建立的文件基础上，补充完善安全生产标准化文件内容，形成新的文件体系。

1.5 风电场安全生产教育培训

大量事实证明，安全事故都是由人的不安全行为或物的不安全状态造成的，而物的不安全状态也往往是由人的因素造成的。由此可见，避免安全事故发生，实现安全生产的关键是人。人的行为规范了，就不会出现违章指挥、违章作业行为；人的安全意识增强了，就可以随时发现并纠正物的不安全状态，清除安全事故隐患，预防事故的发生。因此，必须通过教育培训，加强全体员工的安全生产意识，提高安全生产管理及操作水平，增强自我防护能力，保证生产的顺利进行。

确保安全生产的关键之一是强化员工安全生产教育培训。对员工进行必要的安全生产教育培训，是让员工了解和掌握安全法律法规，提高员工安全技术素质，增强员工安全意识的主要途径，是保证安全生产，做好安全工作的基础。

安全生产教育培训的主要内容如下：

(1) 安全生产思想教育。安全生产思想教育主要是学习国家有关法律法规，掌握安全生产的方针政策，提高全体管理人员和操作人员的政策理解水平，充分认识安全生产的重要意义，在施工生产中严格贯彻执行“安全第一、预防为主、综合治理”的方针和安全生产的政策，严格执行操作规程，遵守劳动纪律，杜绝违章指挥、违章操作的行为，利用过去发生的重大安全事故案例及其给社会、给家庭造成的损失，对工作人员进行安全教育。

(2) 安全生产知识教育。全体工作人员都必须接受安全知识教育，通过安全生产知识教育和培训，使工作人员掌握必备的安全生产基本知识。安全生产知识教育的内容主要包括本企业的生产状况，风电场工程施工生产工艺、施工方法、施工作业的危险区域、危险部位、各种不安全因素及安全防护的基本知识及相关安全技术规范。

（3）安全生产操作技能教育。结合本专业、本工种和本岗位的特点，熟练掌握操作规程、安全防护等基本知识，掌握安全生产所必需的基本操作技能。对于管理人员和特殊工种作业人员，要经过专门培训，考试合格取得岗位证书后，持证上岗。

（4）还要充分利用已发生或未遂安全事故，对工作人员进行不定期的安全教育，分析事故原因，探讨预防对策；还可针对施工中出现的违章作业或施工生产中的不良行为，及时对工作人员进行教育，使工作人员头脑中经常绷紧安全生产这根弦，在施工生产中时时刻刻注意安全生产，预防事故的发生。

安全生产教育培训能有效促进员工提高安全生产的责任感和自觉性，有利于贯彻各项安全生产法规和政策，帮助员工学习安全生产技术知识，提高安全生产操作水平，掌握紧急情况下的应对措施，从而为避免和减少伤亡事故奠定基础。

1.6　风电场安全检查

安全检查是风电场安全生产的一项基本制度，是安全管理的重要内容之一。通过安全检查，可以了解企业安全状况，发现不安全因素，获取安全信息，消除事故隐患，交流经验，推动安全工作，促进安全生产。

安全检查是对施工项目贯彻安全生产法律法规的情况、安全生产状况、劳动条件、事故隐患等所进行的检查，其主要内容包括查思想、查制度、查机械设备、查安全卫生设施、查安全教育及培训、查生产人员行为、查防护用品使用、查伤亡事故处理等。安全检查分为日常检查、专项（专业）检查和综合检查。

（1）日常检查。日常检查主要包括日常巡查及作业班组例行检查。日常检查由项目专（兼）职安全人员负责，每天对所管辖施工区域进行巡回检查；班组检查由班（组）长负责组织，对当班作业面和施工人员进行安全检查；施工队检查由各作业队长组织，对作业现场和日常安全管理工作进行检查。日常检查主要是纠正违章，排查事故隐患，检查安全设施的完善、安全防护用品的使用及各类安全规章制度及规程的执行。

（2）专项（专业）检查。专项（专业）检查是指施工单位组织有关专业部门开展的有针对性的安全检查。专项（专业）检查包括危险物品、设备、用电、消防、交通，高边坡开挖、脚手架、爆破、起重、营地等进行的特殊检查或单项集中检查（如安全生产标准化自查、应急能力自查、防洪度汛、消防检查、设备安全检查、节假日检查、复工检查等）。专项（专业）检查宜事先制定检查计划或编制安全检查表，检查结束后应编写检查报告。

（3）综合检查。综合检查是指施工单位组织有关部门工作人员进行的全面的检查活动。综合检查主要包括安全管理和施工现场，并对实际状况做出评价。风电场工程

施工项目主要专项安全检查有临时用电安全检查、用电设备运行日志、施工现场临时用电检查、施工现场临时用电安全管理检查。

1.7 风电场隐患排查治理

隐患排查治理工作主要包括：自查隐患、治理隐患、自报隐患和分析趋势。

（1）自查隐患。自查隐患是为了发现自身所存在的隐患，减少遗漏。

（2）治理隐患。治理隐患是为了将自查中发现的隐患控制住，防止引发后果，尽可能从根本上解决问题。

（3）自报隐患。自报隐患是为了将自查隐患和治理隐患情况报送政府有关部门，以使其了解企业在排查和治理方面的信息。

（4）分析趋势。分析趋势是为了建立安全生产预警指数系统，对安全生产状况做出科学、综合、定量的判断，为合理分配安全监管资源和加强安全管理提供依据。

1.7.1 隐患相关概念

1. 安全生产事故隐患

安全生产事故隐患（以下简称“隐患”“事故隐患”或“安全隐患”）是指生产经营单位违反安全生产法律、法规、规章、标准、规程和安全生产管理制度的规定，或者因其他因素在生产经营活动中存在可能导致事故发生的物的危险状态、人的不安全行为和管理上的缺陷。

在事故隐患的三种表现中，物的危险状态是指生产过程或生产区域内的物质条件（如材料、工具、设备、设施、成品、半成品）处于危险状态；人的不安全行为是指人在工作过程中的操作、指示或其他具体行为不符合安全规定；管理上的缺陷是指在开展各种生产活动中所必需的各种组织、协调等行动存在缺陷。

2. 隐患分级

隐患分级是以隐患的整改、治理和排除的难度及其影响范围为标准的，可以分为一般事故隐患和重大事故隐患。

（1）一般事故隐患。一般事故隐患是指危害和整改难度较小，发现后能够立即整改排除的隐患。

（2）重大事故隐患。重大事故隐患是指危害和整改难度较大，应当全部或者局部停产停业，并经过一定时间整改治理方能排除的隐患，或者因外部因素影响致使生产经营单位自身难以排除的隐患。

为更好地、有针对性地治理企业在生产和管理工作中存在的一般隐患，要对一般隐患进行进一步的细化分级。事故隐患的分级是以隐患的整改、治理和排除的难度及其影响范围为标准的。根据这个分级标准，将一般隐患分为班组级、项目部级、企业级，其含义是在相应级别的组织中能够整改、治理和排除。

1）班组级：能够立即整改，经统计分析，确定不是习惯性或群体性的隐患。

2）项目部级：能够立即整改，经统计分析，确定不是习惯性或群体性的隐患，不需要局部或全部停工，能够限期整改。

3）企业级：需要局部或全部停工，制定整改方案、调配资源，能够限期整改。

3. 隐患排查

隐患排查是指生产经营单位组织安全生产管理人员、工程技术人员和其他相关人员对本单位的事故隐患进行排查，并对排查出的事故隐患按照等级进行登记，建立事故隐患信息档案。

4. 隐患治理

隐患治理是指消除或控制隐患的活动或过程。对排查出的事故隐患，应当按照事故隐患的等级进行登记，建立事故隐患信息档案，并按照职责分工实施监控治理。企业要及时落实行业和属地管理部门提出的工作要求，实时更新本单位的基本信息。对排查出的事故隐患和治理情况，由生产经营单位负责人或者有关人员，如实向政府安全生产监管部门汇报。

1.7.2　组织机构与职责

企业主要负责人担任隐患排查治理工作的总负责人，以安全生产委员会为总决策管理机构，以安全生产管理部门为办事机构，以基层安全管理人员为骨干，以全体员工为基础，形成从上至下的组织保证，从主要负责人到一线员工的隐患排查治理工作网络，确定各个层级的隐患排查治理职责。

1.7.3　隐患排查

1.7.3.1　隐患排查主要内容划分原则

隐患排查主要内容的划分是做好隐患排查、整改的基础工作；是编制隐患排查治理标准的核心。隐患排查主要内容的划分应遵循以下基本原则：

(1) 唯一性原则。一种隐患的特征只能用一种分类来解释，而不能既属于这一类别，又属于另一类别，以至于在不同的类别中重复出现。这是隐患排查主要内容划分最基本的原则，也是隐患排查主要内容划分必须遵循的原则。

(2) 通用性原则。任何一种隐患都要有所归属，按其主要标志划归于相应的类型之中，必须把全部安全生产事故隐患进行分类，没有遗漏。

(3) 稳定性原则。隐患排查主要内容的划分应满足今后一段时期内安全生产监督管理的需要，不能因为安全生产监管方式的变化而改变。

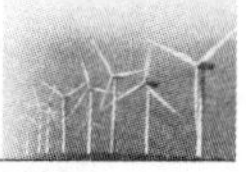

（4）可扩展性原则。在隐患排查主要内容划分类别的扩展上预留空间，保证划分体系有一定弹性，可在本划分体系上进行延拓细化。在保持划分体系的前提下，允许在最后一级类别之下制定适用的划分细则。

1.7.3.2 隐患排查的主要内容

根据隐患排查主要内容的划分原则，结合隐患排查实际工作情况，从现场操作方面对隐患排查的主要内容进行划分，分为基础管理类隐患和现场管理类隐患两部分。

1. 基础管理类隐患

基础管理类隐患主要是针对生产经营企业资质证照、安全生产管理机构及人员、安全生产责任制、安全生产管理制度、安全操作规程、教育培训、安全生产管理档案、安全生产投入、应急管理、特种设备基础管理、职业卫生基础管理、相关方基础管理、其他基础管理等方面存在的缺陷。

（1）生产经营企业资质证照类隐患。生产经营企业资质证照类隐患主要是指生产经营企业在安全生产许可证、消防验收报告、安全评价报告等方面存在的不符合法律法规的问题和缺陷。

（2）安全生产管理机构及人员类隐患。安全生产管理机构及人员类隐患主要是指生产经营企业未根据自身生产经营的特点，依据相关法律法规或标准要求，设置安全生产管理机构或者配备专（兼）职安全生产管理人员。

（3）安全生产责任制类隐患。根据生产经营企业的规模，安全生产责任制涵盖企业主要负责人、安全生产负责人、安全生产管理人员、项目经理、班组长、岗位员工等层级的安全生产职责。其中，生产经营企业至少应包括企业主要负责人、安全生产管理人员和岗位员工“三级”人员的安全生产责任制。未建立安全生产责任制或责任制建立不完善的，属于安全生产责任制类隐患。

（4）安全生产管理制度类隐患。根据生产经营企业的特点，安全生产管理制度主要包括：安全生产教育和培训制度；安全生产检查制度；具有较大危险因素的生产经营场所、设备和设施的安全管理制度；危险作业管理制度；劳动防护用品配备和管理制度；安全生产奖励和惩罚制度；生产安全事故报告和处理制度；隐患排查制度、有限空间作业安全管理制度；其他保障安全生产和职业健康的规章制度。生产经营企业缺少某类安全生产管理制度或某类制度制定不完善时，则称其为安全生产管理制度类隐患。

（5）安全操作规程类隐患。生产经营企业缺少岗位操作规程或岗位操作规程制定不完善的，则称其为安全操作规程类隐患。

（6）教育培训类隐患。生产经营企业教育培训包括对企业主要负责人、安全管理人员、从业人员以及特殊作业人员的教育培训（如有限空间作业），生产经营企业应根据相关法律法规，满足培训时间、培训内容的要求。生产经营企业未开展安全生产教育培训或培训时间、培训内容不达标的，称其为教育培训类隐患。

（7）安全生产管理档案类隐患。安全生产记录档案主要包括：教育培训记录档案；安全检查记录档案；危险场所/设备设施安全管理记录档案；危险作业管理记录档案（如动火证审批）；劳动防护用品配备和管理记录档案；安全生产奖惩记录档案；安全生产会议记录档案；事故管理记录档案；变配电室值班记录、检查及巡查记录、职业危害申报档案；职业危害因素检测与评价档案；工伤社会保险缴费记录、安全费用台账等。生产经营企业未建立安全生产管理档案或档案建立不完善的，属于安全生产管理档案类隐患。

（8）安全生产投入类隐患。生产经营企业应结合本企业实际情况，建立安全生产资金保障制度，安全生产资金投入（或称安全费用）应当专项用于下列安全生产事项：安全技术措施工程建设；安全设备、设施的更新和维护；安全生产宣传、教育和培训；劳动防护用品配备；其他保障安全生产的事项。生产经营企业在安全生产投入方面存在的问题和缺陷，称为安全生产投入类隐患。

（9）应急管理类隐患。应急管理包括应急机构和队伍、应急预案和演练、应急设施设备及物资、事故救援等方面的内容。

1）应急机构和队伍要制定应急管理制度，按要求和标准建立应急救援队伍，未建立专职救援队伍的要与邻近相关专业专职应急救援队伍签订救援协议、建立救援协作关系，规范开展救援队伍训练和演练。

2）应急预案和演练方面应按规定编制安全生产应急预案，重点作业岗位有应急处置方案或措施，并按规定报当地主管部门备案、通报相关应急协作单位，定期与不定期相结合组织开展应急演练，演练后进行评估总结，根据评估总结对应急预案等工作进行改进。

3）应急设施设备及物资方面应按相关规定和要求建设应急设施、配备应急装备、储备应急物资，并进行经常性检查、维护保养，确保其完好可靠。

4）事故救援方面应在事故发生后立即启动相应应急预案，积极开展救援工作；事故救援结束后进行分析总结，编制救援报告，并对应急工作进行改进。

生产经营企业在应急救援方面存在的问题和缺陷，称为应急救援类隐患。

（10）特种设备基础管理类隐患。特种设备属于专项管理，分为基础管理和现场管理两部分。凡涉及生产经营企业在特种设备相关管理方面不符合法律法规的内容，均归于特种设备基础管理类隐患。这类隐患主要涉及特种设备管理机构和人员、特种设备管理制度、特种设备事故应急救援、特种设备档案记录、特种设备的检验报告、特种设备保养记录、特种作业人员证件、特种作业人员培训等。

（11）职业卫生基础管理类隐患。与特种设备类似，职业卫生也属于专项管理。凡涉及生产经营单位在职业卫生相关管理方面不符合法律法规的内容，均归于职业卫

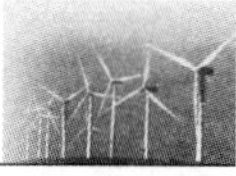

生基础管理类隐患。

(12) 相关方基础管理类隐患。相关方是指本企业将生产经营项目、场所、设备发包或者出租给其他生产经营企业。生产经营企业涉及相关方方面的管理问题，属于相关方基础管理类隐患。

(13) 其他基础管理类隐患。不属于上述十二种安全生产基础管理类隐患的，归为其他基础管理类隐患。

2. 现场管理类隐患

现场管理类隐患主要是针对特种设备现场管理、生产设备设施及工艺、场所环境、从业人员操作行为、消防安全、用电安全、职业卫生现场安全、有限空间现场安全、辅助系统、相关方现场管理、其他现场管理等方面存在的缺陷。

(1) 特种设备现场管理类隐患。风电场工程特种设备包括起重机械、压力容器（含气瓶）、锅炉、电梯、起重机械和场（厂）内专用机动车辆，这类设备自身及其现场管理方面存在的缺陷，属于特种设备现场管理类隐患。

(2) 生产设备设施及工艺类隐患。生产经营企业生产设备设施及工艺方面存在的缺陷，称为生产设备设施及工艺类隐患。其中包括重大危险源使用和管理存在的问题和缺陷。该生产设备设施不包括特种设备、电力设备设施、消防设备设施、应急救援设施装备以及辅助动力系统涉及的设备设施。

(3) 场所环境类隐患。生产经营企业场所环境类隐患主要包括厂内环境、作业场所等方面存在的问题和缺陷。

(4) 从业人员操作行为类隐患。从业人员操作行为类隐患包括“三违”行为和个人防护用品佩戴两个方面。其中，“三违”行为主要包括从业人员违反操作规程进行作业、从业人员违反劳动纪律进行作业、负责人违反操作规程指挥从业人员进行作业。

(5) 消防安全类隐患。生产经营企业消防方面存在的缺陷，称为消防安全类隐患，主要包括应急照明、消防设施与器材等。

(6) 用电安全类隐患。生产经营企业涉及用电安全方面的问题和缺陷，称为用电安全类隐患，主要包括配电室、配电箱、配电柜、电气线路敷设、固定用电设备、插座、临时用电、潮湿作业场所用电、安全电压使用等。

(7) 职业卫生现场安全类隐患。职业卫生专项管理中，涉及生产经营企业在职业卫生现场安全方面不符合法律法规的内容，均归于职业卫生现场安全类隐患。这类隐患主要包括禁止超标作业、检修和维修要求、防护设施、公告栏、警示标识、生产布局、防护设施和个人防护用品等方面存在的问题和缺陷。

(8) 有限空间现场安全类隐患。有限空间现场安全类隐患主要包括有限空间作业审批、危害告知、先检测后作业、危害评估、现场监督管理、通风、防护设备、呼吸防护用品、应急救援装备、临时作业等方面存在的问题和缺陷。

（9）辅助系统类隐患。辅助系统主要包括压缩空气站、乙炔站、煤气站、天然气配气站、氧气站等为生产经营活动提供动力或其他辅助生产经营活动的系统。其中，涉及特种设备的部分归为特种设备现场管理类隐患。

（10）相关方现场管理类隐患。涉及相关方现场管理方面的缺陷和问题，属于相关方现场管理类隐患。

（11）其他现场管理类隐患。不属于上述十种安全生产现场管理类隐患的，归为其他现场管理类隐患。

1.7.3.3　排查计划与实施

隐患排查需要有计划地开展。隐患排查工作涉及面广、时间较长，需要制定一个比较详细可行的实施计划，确定参加人员、排查内容、排查时间、排查安排、排查记录等。为提高效率也可以与日常安全检查、安全生产标准化的自评工作或管理体系中的合规性评价和内审工作相结合。

排查前应组织隐患排查组，根据排查计划到各部门和各所属企业进行排查。排查时必须及时、准确和全面地记录排查情况和发现的问题，并随时与被检查企业的工作人员做好沟通。排查结束后，进行排查结果分析总结，评价本次隐患排查是否覆盖了计划中的范围和相关隐患类别；是否做到了“全面、抽样”的原则；是否做到了重点部门、高风险和重大危险源适当突出的原则；确定隐患清单、隐患级别并分析隐患的分布（包括隐患所在企业和地点的分布、种类）等；做出本次隐患排查治理工作的结论；填写隐患排查治理标准表格。

1.7.4　隐患治理

1. 一般事故隐患整改

对于一般事故隐患，由于其危害和整改难度较小，发现后应当由生产经营企业（车间、分厂、区队等）负责人或者有关人员立即组织整改。一般隐患整改方式如下：

（1）现场立即整改。明显违反操作规程和劳动纪律的行为属于人的不安全行为方式的一般隐患。排查人员一旦发现，应当要求立即整改，并如实记录，以备对此类行为统计分析，确定是否为习惯性或群体性隐患。有些设备设施简单的不安全状态如安全装置没有启用、现场混乱等物的不安全状态等一般隐患，也可以要求现场立即整改。

（2）限期整改。有些难以做到现场立即整改的隐患，但也属于一般隐患，则应限期整改。限期整改通常由排查人员或排查主管部门对隐患所属企业发出“隐患整改通知”，内容中需要明确列出如隐患情况的排查发现时间和地点、隐患情况的详细描述、

隐患发生原因的分析、隐患整改责任的认定、隐患整改负责人、隐患整改的方法和要求、隐患整改完毕的时间要求等。限期整改需要全过程监督管理，除对整改结果进行“闭环”确认外，也要在整改工作实施期间进行监督，以发现和解决可能临时出现的问题，防止拖延。

2. 重大事故隐患治理

对于重大事故隐患，由企业主要负责人组织制定并实施事故隐患治理方案。隐患治理方案的主要内容应包括治理的目标和任务、采取的方法和措施、经费和物资的落实、负责治理的机构和人员、治理的时限和要求、安全措施和应急预案。

由于重大隐患治理工作复杂且周期较长，在没有完成治理前，还要有临时性的措施和应急预案。

(1) 在隐患治理过程中，应当采取相应的安全防范措施，防止事故发生。事故隐患排除前或者排除过程中无法保证安全的，应当从危险区域内撤出作业人员，并疏散可能危及的其他人员，设置警戒标志，暂时停产停业或者停止使用；对暂时难以停产或者停止使用的相关生产储存装置、设施、设备，应当加强维护和保养，防止事故发生。

(2) 在重大隐患治理过程中，还要随时接受和配合安全监管部门的重点监督检查。如果企业的重大事故隐患属于重点行业领域的安全专项整治的范围，就更应落实相应的整改、治理的主体责任。重大隐患治理工作结束后，有条件的企业应当组织本企业的技术人员和专家对重大隐患的治理情况进行评估；不具备条件的企业应当委托具备相应资质的安全评价机构对重大隐患的治理情况进行评估，确认治理措施的合理性和有效性，确认对隐患及其可能导致的事故的预防效果。

(3) 重大隐患治理后，经过评估符合安全生产条件的，企业应当向安全监管监察部门和有关部门提出恢复生产的书面申请，经审查通过后，方可恢复生产经营。申请报告应当包括治理方案的内容、项目和安全评价机构出具的评价报告等。

1.7.4.1 隐患治理措施

隐患治理具体措施如下：

1. 基本要求

治理措施的基本要求是能消除或减弱生产过程中产生的危险、有害因素；处置危险和有害物，并降低到国家规定的限值内；预防生产装置失灵和操作失误产生的危险、有害因素；能有效地预防重大事故和职业危害的发生；发生意外事故时，能为遇险人员提供自救和互救条件。

2. 治理措施

隐患治理的方式方法是多种多样的，因为企业必须考虑成本投入，需要尽可能以最小代价取得最适当（不一定是最好）的结果。有时候治理很难彻底消除隐患，这就必须在遵守法律法规和标准规范的前提下，将其风险降低到企业可以接受的程度。通常“最好的”不一定是最适当的方法，而最适当的却一定是“最好的”方法。例如，员工未正确佩戴安全帽是一个典型的低级别的隐患，企业的治理方法主要是排查（检查），一旦发现则批评并责令其马上纠正，通常不需要制定治理方案。但如果发现这种现象普遍存在，已成为习惯性或群体性违章，那么就要将其隐患级别提升，并制定治理方案，采取多种措施和手段进行治理。

治理措施大体上分为工程技术措施和安全管理措施，再加上对重大隐患需要做的临时性防护和应急措施。

（1）工程技术措施。工程技术措施的实施等级为直接安全技术措施、间接安全技术措施、指示性安全技术措施等；应遵循消除、预防、减弱、隔离、连锁、警告的等级顺序选择安全技术措施；应具有针对性、可操作性和经济合理性并符合国家有关法规、标准和设计规范的规定。

根据安全技术措施等级顺序的要求，应遵循以下具体原则：

1）消除原则：即尽可能从根本上消除危险、有害因素，如采用无害化工艺技术，生产中以无害物质代替有害物质、实现自动化作业、遥控技术等。

2）预防原则：即当消除危险、有害因素遇困难时，可采取预防性技术措施，预防危险、危害的发生，如使用安全阀、安全屏护、漏电保护装置、安全电压、熔断器、防爆膜、事故排放装置等。

3）减弱原则：即在无法消除危险、有害因素和难以预防的情况下，可采取减少危险、危害的措施，如局部通风排毒装置、生产中以低毒性物质代替高毒性物质、降温措施、避雷装置、消除静电装置、减振装置、消声装置等。

4）隔离原则：即在无法消除、预防、减弱的情况下，应将人员与危险、有害因素隔开（或与不能共存的物质分开），如遥控作业、安全罩、防护屏、隔离操作室、安全距离、事故发生时的自救装置（如防护服、各类防毒面具）等。

5）连锁原则：即当操作人员失误或设备运行达到危险状态时，应通过连锁装置终止危险、危害发生。

6）警告原则：即在易发生故障和危险性较大的地方，配置醒目的安全色、安全标志；必要时设置声、光或声光组合报警装置。

（2）安全管理措施。安全管理措施主要有提高安全意识、加强培训教育和加强安全检查等，并应在实施隐患治理过程中，研究分析隐患产生原因中的管理因素，发现和掌握其管理规律，通过修订有关规章制度和操作规程并贯彻执行，从而在根本上解决问题。

1.7.4.2　隐患治理验收

隐患治理验收流程如下：

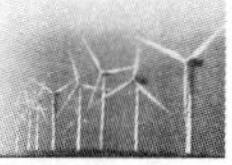

（1）班组级事故隐患验收流程由项目部安全管理人员或者由项目部组成验收专业技术组进行；验收内容应根据事故隐患的实际情况确定，确保事故隐患得到有效控制；验收结论填写在隐患整改验证和评价表上。

（2）项目部级事故隐患验收流程由项目部组成验收专业技术组进行。验收内容应根据事故隐患的实际情况确定，确保事故隐患得到有效控制。验收结论填写在隐患整改验证和评价表中，报企业主管部门备案。

（3）重大隐患、重点隐患、企业级隐患的验收流程。组织成立验收组，由企业领导或主管部门负责人担任组长，组员包括专业技术人员、安全生产管理人员、生产管理部门人员等，必要时邀请外部专家参加。验收组根据治理方案确定的验收标准和方法，事先制定验收方案。验收方案应包括对事故隐患治理效果的评价方法。

重大隐患、重点隐患、企业级隐患治理应形成《事故隐患治理验收报告》。该报告主要内容应包括：隐患的验收标准和方法；验收过程，包括参加验收的部门人员分工、验收日期、验收实施的情况等；隐患治理的效果评价，评价治理的有效性，确认是否能有效防止隐患的再次发生；隐患治理的总体结论，包括验收是否合格的结论和需进一步整改的要求；隐患治理验收人员签字等。

1.7.4.3 隐患治理效果评价

基础管理类事故隐患的验证主要是查阅规章制度及其落实执行情况，对其治理完成情况进行验证，对治理效果进行评价。

现场事故隐患的验证，通过观察、询问、查阅资料、监测等方法，对治理措施进行逐项检查，确认其是否完成且实现了治理的目标；同时针对技术措施和管理措施对治理效果进行评价。评价方法如下：

（1）针对事故隐患发生的技术原因分析和评价采取的技术措施，是否能消除事故隐患发生的根源；如不能消除根源，应评价所采用的技术措施对事故隐患的控制效果。

（2）针对事故发生的管理原因进行分析和评价，以及采取的管理措施，是否通过培训教育、资格取证、审批和监护、强化考核和奖惩等措施，确保作业人员发生违章、误操作等事故隐患的原因得到消除；是否通过设备设施日常管理，定期检验和检测等手段，确保设备设施发生损坏、失灵等事故隐患的原因得到消除；是否通过完善现场制定的管理、环境管理等措施，确保作业环境不良等事故隐患的原因得到消除。

1.8 风电场安全文化建设

安全文化是项目现场安全生产的重要保障，是一张无形的“安全网”。任何一种安全文化的形成，大致会经历安全缺失、要你安全、我要安全和人人安全四个阶段。

安全文化与事故发生率的关系如图1-2所示。

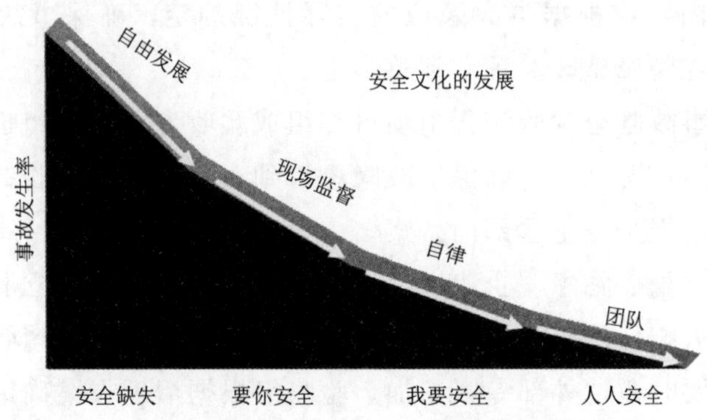

图1-2　安全文化与事故发生率的关系

1.9　风电场安全信息报送

风电场安全生产管理中，根据主管部门或上级单位要求，现场项目部一般会按月报送项目现场的安全绩效指标，如百万工时总可记录事件率、百万工时损失工时率、百万工时损失工时伤害事故率、百万工时死亡事故率、百万工时事故死亡率等。各种安全绩效指标的计算式为

$$\text{百万工时总可记录事件率}=\frac{\text{总可记录事件总数}}{\text{总工时}}\times 10^6 \tag{1-1}$$

$$\text{百万工时损失工时率}=\frac{\text{损失工时}}{\text{总工时}}\times 10^6 \tag{1-2}$$

$$\text{百万工时损失工时伤害事故率}=\frac{\text{损失工时伤害事故起数}}{\text{总工时}}\times 10^6 \tag{1-3}$$

$$\text{百万工时死亡事故率}=\frac{\text{死亡事故起数}}{\text{总工时}}\times 10^6 \tag{1-4}$$

$$\text{百万工时事故死亡率}=\frac{\text{事故死亡人数}}{\text{总工时}}\times 10^6 \tag{1-5}$$

1.10　风电场事故管理

风电场事故管理的基本要求是：安全事故报告、调查处理坚持“实事求是、尊重科学”和“四不放过”（即事故处理坚持事故原因未查清不放过、责任人员未处理不放过、整改措施未落实不放过、有关人员未受到教育不放过）的原则，及时、准确地查清事故经过、原因和经济损失，查明事故性质，认定事故责任，总结事故教训，提出整改措施，并依据规定追究事故责任者相应的责任。

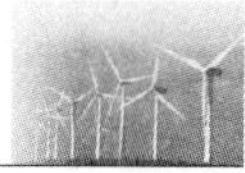

1.10.1 事故分类

根据《生产安全事故报告和调查处理条例》(国务院令第493号)，根据生产安全事故(以下简称“事故”)造成的人员伤亡或者直接经济损失，事故一般分为以下等级：

(1) 特别重大事故。特别重大事故是指造成30人以上死亡，或者100人以上重伤(包括急性工业中毒，下同)，或者1亿元以上直接经济损失的事故。

(2) 重大事故。重大事故是指造成10人以上30人以下死亡，或者50人以上100人以下重伤，或者5000万元以上直接经济损失的事故。

(3) 较大事故。较大事故是指造成3人以上10人以下死亡，或者10人以上50人以下重伤，或者1000万元以上、5000万元以下直接经济损失的事故。

(4) 一般事故。一般事故是指造成3人以下死亡，或者10人以下重伤，或者1000万元以下直接经济损失的事故。

上述条款中所称“以上”包括本数，所称“以下”不包括本数。

为更好地统计安全管理绩效，参照国际惯例，事故根据人员受伤程度可分为死亡事故、损失工时事件、医疗事件、急救事件、未遂事件、一般事件、不安全行为和不安全环境，如图1-3所示。

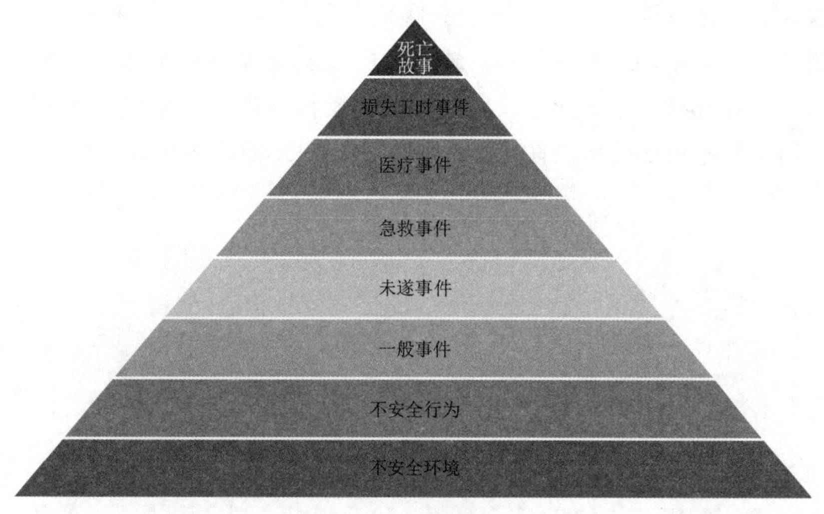

图1-3 事故分类

1.10.2 事故致因理论及原因分析

事故致因理论中，海因里希的多米诺骨牌原理可作为分析事故发生过程直观易懂的理论基础，同时可以加深对事故致因的理解。其多米诺骨牌的排列，即事故因果连锁过程包括以下 5 种因素：

（1）M——人体本身，受社会环境和管理因素影响。

（2）P——按人的意志进行的动作，指人为过失。

（3）H——不安全行为和不安全状态引起的危险性。

（4）D——发生事故，是指前三种因素经连锁反应，使潜在的危险暴露出来，暂时或永久地迫使生产停止。

（5）A——受到伤害，是指连锁反应造成的恶果，即如果中止前面任何一种因素，“A”就不会出现。也可以理解为如果将潜在的危险因素“H”去掉，事故是完全能避免的。

事故是人的不安全行为（或失误）和物的不安全状态（故障）两个因素作用的结果。即要想防止伤亡事故，就要从生产现场排除“H”。因此，在实现操作条件安全化的同时，要努力消除从事生产的操作人员的不安全行为，这是安全管理的主要内容。

（1）直接原因主要包括：机械、物质或环境的不安全状态［《企业职工伤亡事故分类标准》（GB 6441—1986）的附录 A—A6］和人的不安全行为［《企业职工伤亡事故分类标准》（GB 6441—1986）的附录 A—A7］。

（2）间接原因主要包括：技术和设计上有缺陷，如工业构件、建筑物、机械设备、仪器仪表、工艺过程、操作方法、维修检验等的设计，施工和材料使用存在问题；教育培训存在不足，或未经培训，缺乏或不懂安全操作技术知识；劳动组织不合理；对现场工作缺乏检查或指导错误；没有安全操作规程或安全操作规程不健全；没有实施事故防范措施或实施事故防范措施不认真，对事故隐患整改不力等。

第 2 章　陆上风电场安全建设管理

风电场工程建设、勘察、设计、施工、监理及与风电场建设工程安全生产有关的各单位，必须遵守安全生产法律、法规、标准的规定，履行安全生产责任，坚持安全第一、预防为主、综合治理的方针，保证风电场工程安全生产，依法承担风电场工程安全建设生产责任。

（1）建设单位应当向施工单位提供风电场施工现场及毗邻区域内的供水、排水、供电、供气、供热、通信、广播电视等地下管线资料；气象和水文观测资料；相邻建筑物和构筑物、地下工程的有关资料，并保证资料的真实、准确、完整。建设单位不得对勘察、设计、施工、监理等单位提出不符合建设工程安全生产法律、法规和强制性标准规定的要求，不得压缩合同约定的工期；编制工程概算时，应当确定建设工程安全作业环境及安全施工措施所需费用；不得明示或者暗示施工单位购买、租赁、使用不符合安全施工要求的安全防护用具、机械设备、施工机具及配件、消防设施和器材。申请领取施工许可证时，建设单位应当提供风电场工程有关安全施工措施的资料。

（2）勘察单位应当按照法律、法规和工程建设强制性标准进行风电场工程勘察，提供的勘察文件应当真实、准确，满足风电场建设工程安全生产的需要。

（3）设计单位应当按照法律、法规和工程建设强制性标准进行设计，防止因设计不合理导致生产安全事故的发生。设计单位应当考虑施工安全操作和防护的需要，对涉及施工安全的重点部位和环节在设计文件中注明，并对防范生产安全事故提出指导意见。

（4）施工单位应当具备国家规定的注册资本、专业技术人员、技术装备和安全生产等条件，依法取得相应等级的资质证书，并在其资质等级许可的范围内承揽工程。施工单位应当建立健全安全生产责任制度和安全生产教育培训制度；制定安全生产规章制度和操作规程；保证本单位安全生产条件所需资金的投入；设立安全生产管理机构，配备专职安全生产管理人员，对所承担的风电场工程施工安全承担主体责任。

（5）监理单位应当审查施工组织设计中的安全技术措施或者专项施工方案是否符合工程建设强制性标准。在实施监理过程中，发现存在安全事故隐患的，应当要求施工单位整改；情况严重的，应当要求施工单位暂时停止施工，并及时报告建设单位。

监理单位和监理工程师应当按照法律、法规和工程建设强制性标准实施监理，并对负责监理的风电场工程安全生产承担监理责任。

（6）为建设工程提供机械设备和配件的单位，应当按照安全施工的要求配备齐全有效的保险、限位等安全设施和装置。出租的机械设备和施工机具及配件，应当具有生产（制造）许可证、产品合格证。出租单位应当对出租的机械设备和施工机具及配件的安全性能进行检测，在签订租赁协议时，应当出具检测合格证明。禁止出租检测不合格的机械设备和施工机具及配件。

在施工现场安装、拆卸施工起重机械，必须由具有相应资质的单位承担。安装、拆卸施工起重机械，应当编制拆装方案、制定安全施工措施，并由专业技术人员现场监督。施工起重机械安装完毕后，安装单位应当自检，出具自检合格证明，并向施工单位进行安全使用说明，办理验收手续并签字。施工起重机械的使用达到国家规定的检验检测期限的，必须经具有专业资质的检验检测机构检测。经检测不合格的，不得继续使用。检验检测机构对检测合格的施工起重机械，应当出具安全合格证明文件，并对检测结果负责。

风电场工程实行施工总承包的，由总承包单位对施工现场的安全生产负总责。总承包单位依法将建设工程分包给其他单位的，分包合同中应当明确各自的安全生产方面的权利、义务。总承包单位和分包单位对分包工程的安全生产承担连带责任。分包单位应当服从总承包单位的安全生产管理，分包单位不服从管理导致生产安全事故的，由分包单位承担主要责任。

2.1　风电场施工现场临时用电安全管理

施工现场工程设备、施工机具、现场照明、电气安装等，都需要电能的支持。随着建设工程项目智能化的加强，施工机械化和自动化程度的不断提高，用电场所更加广泛。施工现场由于用电设备种类多、电容量大、工作环境不固定、露天作业、临时使用等特点，在电气线路的敷设，电器元件、电缆的选配及电路的设置等方面容易存在短期行为，容易引发触电伤亡事故。因此，加强临时用电管理，按照规范用电，是保证施工安全的一个重要方面。

2.1.1　施工现场临时用电原则

1. 一条电路

临时用电必须统一进行组织设计，有统一的临时用电施工方案，即一个取电来源和一个临时用电施工、安装、维修、管理队伍。严禁私拉乱接线路，多头取电；严禁施工机械设备和照明独立取自不同电源。

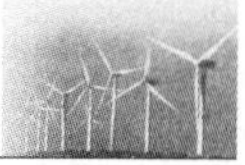

2. 两级保护

施工现场所有用电设备，除作保护接零外，必须在设备负荷线的首端处设置漏电保护装置。同时，规定开关箱内必须装设漏电保护器。临时用电应在总配电箱和开关箱中分别设置漏电保护器，形成用电线路的两级保护。

3. 三级配电

配电系统应设置总配电箱、分配电箱和开关箱。按照总配电箱→分配电箱→开关箱的送电顺序，形成完整的“三级”用（配）电系统。这样形成的配电层次清楚，便于管理和查找故障。

4. 四个装设

每台用电设备必须设置各自专用的开关箱，开关箱内要设置专用的隔离开关和漏电保护器；不得同一个开关箱、同一个开关电器直接控制两台以上用电设备；开关箱内必须装设漏电保护器，即“一机、一箱、一闸、一漏”的四个装设原则。

5. 五芯电缆

施工现场专用的中性点直接接地的电力系统中，必须实行 TN－S 三项五线制供电系统。电缆的型号和规格要采用五芯电缆。为了正确区分电缆导线中的相线、相序、零线、保护零线，防止发生误操作事故，导线要使用不同的安全色。

2.1.2 临时用电管理

临时用电必须按《施工现场临时用电安全技术规范》（JGJ 46—2005）编制用电施工组织设计，制定安全用电技术措施和电气防火措施。

（1）临时用电施工组织设计的内容和步骤：确定电源进线总配电箱（柜），分配电箱的位置及线路走向；进行负荷计算，选择导线截面和电器的类型、规格；绘制电气平面图、立面图和接线系统图；制定安全用电技术措施和电气防火措施。

（2）施工现场临时用电安全技术档案：临时用电施工组织设计及修改施工组织设计的全部资料；技术交底资料；临时用电工程检查验收表；接地电阻测定记录；定期检（复）查表（工地每月进行一次、项目部每季度）；电气作业人员（电工）维修工作记录；安装、维修或拆除临时用电工程，必须由电工完成，电工等级应同工程的难易程度和技术复杂性相适应。

2.1.3 电气作业人员

电气作业人员（电工）必须经过专业及安全技术培训，经劳动部门考试合格颁发操作证后方准予独立操作。电工应掌握用电安全基本知识和所有设备性能，上岗前按规定穿戴好个人防护用品；电工停用设备应拉闸断电，锁好开关箱，负责保护用电设备的负荷线，保护零线（重复接地）和开关箱；移动用电设备必须切断电源，在一般情况下不许带电作业，带电作业要设监护人；按规定定期对用电线路进行检查，发现问题及时处理，并做好检查和维修记录；掌握触电急救常识和电器灭火常识。

2.1.4　配电柜（盘）、配电箱及开关箱

配电系统应设置总配电柜（盘）和分配电箱，实行分级配电。室内总配电柜（盘）的装设应符合：

（1）配电柜（盘）正面的通道宽度，单划不小于 1.5m，双划不少于 2m，后面的维护通道为 0.8m（个别部位不小于 0.6m），侧面通道不小于 1m。

（2）配电室的天棚距地面不低于 3m，在配电室设置值班或检修室时，距配电柜（盘）的水平距离大于 1m，并采取屏障隔离，且配电室门应向外开。

（3）配电箱的裸母线与地面垂直距离小于 2.5m 时采用遮栏隔离，遮栏下面通道的高度不小于 1.9m。

（4）配电装置的上端距大棚不小于 0.5m。

（5）配电柜（盘）应装设短路、过负荷保护装置和漏电保护开关，配电柜（盘）上的配电线路开关应标明控制回路，配电柜（盘）或配电线路维修时应挂停电标志牌。

（6）停电、送电必须由专人负责。

动力配电箱与照明开关箱宜分别设置，如合用一个配电箱，动力和照明线路应分别设置。总配电箱应设在靠近电源的地区，分配电箱应装在用电设备或负荷相对集中的地区。分配电箱与开关箱的距离不得超过 30m。开关箱与其拧制的固定用电设备的水平距离不宜超过 3m。

配电箱、开关箱周围应有足够两人同时工作的空间和通道，不得堆放任何妨碍操作、维修的物品，不得有灌木、杂草；配电箱、开关箱应使用铁板或优质绝缘材料制作。其安装应端正牢固，箱底下与地面的距离为 1.3～1.5m。移动式开关箱应装设在坚固、稳定的支架上，下底距地面 0.6～1.5m。配电箱、开关箱进出线必须采用橡皮绝缘电缆。

配电箱内的开关电器（含插座）应紧固在电器安装板上，并便于操作（间隙 5cm），不得歪斜和松动。其电线应用绝缘导线，剥头不得外露，接头不得松动。

配电箱体的金属外壳应做保护按零（或接地），保护零线必须通过接线端子板连接。配电箱、开关箱必须防雨、防尘。导线的进线口和出线口应设在箱体的下底面，并要求上部为电源端，严禁设在箱体的上顶面、侧面、后面或箱门处。进线、出线应加护套分路成束并做防水弯，导线束不得与箱体进出口直接接触。

2.1.5　电器装置的选择

配电箱、开关箱内的电器设备必须可靠完好，不准使用已破损、不合格的电器。

总配电箱或分配电箱均应装设总闸隔离开关、分路隔离开关以及漏电保护器。每台设备应有独立的开关箱、实行“一机一闸”制，严禁用一个电器开关直接控制两台及以上用电设备（含插座）。现场用电设备除做保护接零外，都必须在设备负荷线的首端处安装漏电保护器。购置的漏电保护器必须是国家定点生产厂或经过有关部门正式认可的产品。对新购或搁置已久重新使用和使用1个月以上的漏电保护器应认真检验其特性，发现问题及时维修或更换；潮湿或腐蚀介质场所应使用防溅型漏电保护器。

2.1.6 使用与维护

所有开关箱应配锁，并由专人负责；开关箱应标明用途、所控设备；配电箱、开关箱应每月检查维修一次，必须由专业电工进行；电工必须按规定穿戴好防护用品，使用绝缘工具。送电操作过程：总配电箱→分配电箱→开关箱。停电操作过程：开关箱→分配电箱→总配电箱（特殊情况除外）。施工现场停电1h以上时，应切断电源，锁好开关箱。配电箱、开关箱内不得放置任何杂物，保持清洁。

2.1.7 照明

在一个工作场所内，不得只装设局部照明。在正常湿度时，选用开启式照明器（一般灯具）。在潮湿或特别潮湿的场所，选用密闭型防水防尘照明器或配有防水灯头的开启式照明器。照明器具和器材的质量应合格，不得使用绝缘老化或破损的器具和器材。在特殊场所照明应使用安全电压照明器，在潮湿和易触及带电体场所电压不大于36V。照明灯具的金属外壳必须做保护接零，单相照明回路的开关箱（板）内必须装设漏电保护器，实行“左零右火”制。

室外灯具距地面不得低于3m，室内灯具距地面不得低于2.5m。罗口灯头的绝缘外壳不得有损伤和漏电，火线（相线）应接在中心触头上，零线接在罗口相连的一端。暂设工程的灯具宜采用拉线开关，拉线开关距地面2～3m，其他开关距地面高度为1.3m，与出入口的水平距离为0.15～0.20m。严禁将插座与搬把开关靠近装设，严禁在床上装设开关。电器、灯具的相线必须经开关控制，不得将相线直接引入灯具。不得把照明线路挂设在脚手架以及无绝缘措施的金属构件上，移动照明导线应采用电缆线，不宜采用其他软线。手持照明灯具应使用安全电压。

2.1.8 接地与防雷

接地与接零保护系统应满足以下要求：

（1）在施工现场专用的中心点直接接地的电力线路中，必须采取接零保护系统。电器设备的金属外壳必须与专用保护零线连接。专用保护零线应由工作接地，配电室零线或第一级漏电保护器电源侧的零线引出。

（2）保护零线使用铜线截面面积不小于 $10mm^2$，铝线截面面积不小于 $16mm^2$，与电气设备相连的保护零线可用截面面积不小于 $2mm^2$ 的绝缘多股铜线。

（3）保护零线除必须在配电室或总配电箱处作重复接地外，还必须在配电线路的中间处和末端处做重复接地，重复接地电阻值不大于 4Ω。

（4）不得用铝导体做接地体或地下接地线，垂直接地体不宜采用螺纹钢。

（5）垂直接地体应采用角铁、镀锌铁管、圆钢，长度为 1.5～2.5m，露出地面 10～15cm，接地线与垂直接地体连接应采用焊接或螺栓连接。禁止采用绑扎的方法。

（6）施工现场所有用电设备，除做保护接零外，必须在设备负荷线的首端处设置漏电保护装置。

施工现场的起重机、井字架、龙门架等设备若在相邻建筑物、构筑物的防雷屏蔽范围以外，应安装避雷装置。避雷针长度为 1～2m，可用 ϕ16mm 圆钢端部磨尖。避雷针保护范围按 60°遮护角防护。起重机、龙门架等大型设备必须单独打接地体，电阻值不大于 4Ω。

2.2　风电场施工机械设备及特种设备作业安全管理

2.2.1　施工机械设备作业安全管理

1. 操作人员管理

风电场施工机械设备操作人员应具备相应技能并符合持证上岗的要求。必须确保投入使用过程的施工设备、机具与设施的性能和状态合格，并定期进行维护和保养，形成运行记录。对施工设备机具与设施的配置、使用、维护、技术与安全措施进行考核评价。

2. 机械设备管理

在使用施工机械设施前，应当组织有关单位进行验收，也可以委托具有相应资质的检验检测机构进行验收；使用承租的机械设备和施工机具及配件的，由施工总承包方、分包单位、出租单位和安装单位共同进行验收，验收合格的方可使用。租赁设备、分包单位的施工机械设备纳入统一管理，施工设备租赁合同和安全协议必须明确双方安全责任。施工方应将施工机械等设施在建设行政主管部门或者其他有关部门取得的登记标志置于或者附着于该设备的显著位置。

3. 文件信息管理

（1）项目部设立管理组织机构，配备符合任职条件的施工设备管理人员。

（2）项目部制定的施工机械设备管理制度和规程。

（3）对进场特种设备验收及检验管理，建立的施工设备管理台账。

（4）项目部特种设备作业人员（含分包商、租赁的特种设备操作人员）从业资格证。

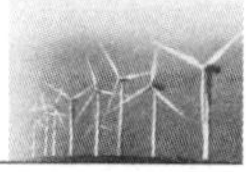

(5) 项目部特种设备作业人员向监理单位报备的材料（需进行动态管理）。

(6) 组织识别大型施工设备安装、使用、维修、拆除的危险源（点）的记录。

(7) 大型施工机械及特种设备管理记录包括：验收（检验）资料、安全附件、安全保护装置、测量调控装置及有关附属仪器仪表的日常维护保养记录、设备运行故障和事故记录、交接班记录、安拆记录；运转记录、定期检验和定期自行检查记录等。

(8) 项目部按相关权限编制的危险作业专项方案（方案必须经审批实施或专家评审）：如针对两台及以上机械在使用过程中可能发生碰撞而制定的防碰撞安全措施。

(9) 施工机械设备危险作业采取的措施记录材料及现场监督记录，如施工设备基础、轨道验收或定期检验材料。

(10) 针对极端天气作业环境制定的施工设备防护措施。

2.2.2 特种作业人员安全管理

特种作业人员应当年满 18 周岁，且不超过国家法定退休年龄。无妨碍从事相应特种作业的器质性心脏病、癫痫病、美尼尔氏症、眩晕症、癔症、震颤麻痹症、精神病、痴呆症以及其他疾病和生理缺陷。申请办理特种作业操作证时，申请人不再提交体检证明，改为个人健康书面承诺。还应具有初中及以上文化程度（危险化学品、煤矿特种作业人员应当具备高中及以上文化程度），具备必要的安全技术知识与技能和相应特种作业规定的其他条件。

特种作业人员包括在工程中的垂直运输机械作业人员、安装拆卸工、起重信号工、登高架设、电工、电气焊作业人员等特种作业人员，必须按照国家有关规定经过专门的安全作业培训，并取得特种作业操作资格证书后，方可在工程中上岗作业（须报监理人审查备案）。

特种作业人员培训考核、复审依据《特种作业人员安全技术培训大纲和考核标准（试行）》（安监总培训〔2011〕112 号）、《关于做好特种作业（电工）整合工作有关事项的通知》（安监总人事〔2018〕18 号）规定执行。做好特种作业人员操作证复审依据《特种作业人员安全技术培训考核管理规定》执行撤销等管理。

2.3 风电场施工安全作业基础管理

2.3.1 建设单位安全管理

建设单位应按照“党政同责、一岗双责、齐抓共管、失职追责”“管生产必须管安全”和“管业务必须管安全”的原则，建立健全以各级主要负责人为安全第一责任人的安全生产责任制，全面落实企业安全生产主体责任。

2.3.2　施工企业安全管理

施工企业应遵守工程建设、安全生产等有关管理规定，严格按照安全标准组织施工，采取必要的安全防护措施，消除事故隐患。应配备专职的安全人员，加强对施工作业的安全管理，特别应加强易燃、易爆、有毒等危害物品的管理；加强高空作业管理，制定安全操作规程，配备必要的安全生产设施和劳动保护用具；经常对其职工进行安全教育，认真采取施工安全措施，确保工程和由其管辖的人员、材料、设施和设备的安全，并应采取有效措施防止工地附近建筑物和居民的生命财产遭受损害。在施工前应向监理人提出安全防护措施，经监理人认可后实施。

2.3.3　施工企业资格要求

施工企业必须具备国家规定的注册资本、专业技术人员、技术装备和安全生产等条件，依法取得相应等级的资质证书，并在资质等级许可的范围内承揽工程，主要负责人依法对本单位的安全生产工作全面负责。建立健全安全生产责任制度和安全生产教育培训制度，制定安全生产规章制度和操作规程，保证本单位安全生产条件所需资金的投入，对所承担的工程进行定期和专项的安全检查，并做好安全检查记录，对检查发现的问题及时整改。

2.3.4　项目安全管理

项目负责人须由取得相应执业资格的人员担任，对工程项目的安全施工负责，具体负责安全生产责任制度、安全生产规章制度和操作规程的落实，确保安全生产费用在本工程中有效使用，并根据工程的特点组织制定安全施工措施，消除安全事故隐患，及时、如实报告生产安全事故。

对工程的管理人员和作业人员每年至少进行一次安全生产教育培训，未经培训或培训考核不合格者，不得上岗。培训、考试等情况送监理人审查备案。在工程施工的作业人员进入新的岗位或者新的施工现场前，须对其进行安全生产教育培训。工程采用新技术、新工艺、新设备、新材料时，应当对作业人员进行相应的安全生产教育培训。

在施工中，应严格遵守建设单位的安全管理规定和有关要求认真组织施工；施工中注意保护相邻设备、建（构）筑物及地面的完好和清洁，树立良好的文明施工风尚；为确保施工全过程的安全管理工作，现场所有人员应接受监理人的安全管理。

为施工现场从事危险作业的人员办理意外伤害保险，意外伤害保险费由施工方支付。实行施工总承包的，由总承包方支付意外伤害保险费。意外伤害保险期限自建设工程开工之日起至工程移交证书颁发之日止。

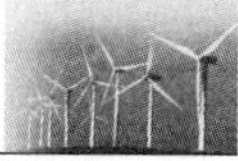

2.3.5 安全管理机构及目标管理

2.3.5.1 安全管理机构

在工程建设期间，施工单位须设立安全生产管理机构及管理体系，按要求配备专职安全生产管理人员及制定安全管理制度。专职安全生产管理人员负责对工程的安全生产进行现场监督检查。发现安全事故隐患，应当及时向项目负责人和安全生产管理机构报告；有违章指挥、违章操作的情况出现，应当立即制止。

2.3.5.2 目标管理

1. 目标制定

企业安全管理部门根据地方政府主管部门、上级单位的管理要求，组织制定或更新施工企业的中长期企业发展规划及安全生产目标，组织相关部门评审，由施工企业主要负责人签署发布。

施工企业负责人组织安全生产委员会成员根据上级单位中长期安全管理规划和年度计划，制定本单位的安全管理规划及安全管理方案，根据下达的安全生产目标和上年度安全生产执行情况分别制定本单位总体和年度安全生产目标、指标。年度安全生产目标、指标应包括：①安全生产事故控制目标（指标）；②人员、机械、设备、交通、消防、环境等方面的安全管理控制目标（指标）；③安全生产投入目标、安全生产教育培训目标、安全生产隐患排查治理目标、重大危险源监控目标、应急管理目标、文明施工管理目标等内容。

2. 目标分解

各项目主要负责人应通过与施工企业、分包作业队伍、班组签订安全生产责任书的形式对本单位年度安全生产目标、指标进行分解。

2.3.6 危险和有害因素识别

1. 自然条件下存在的危险和有害因素

（1）飓风：引起坍塌。

（2）雷击：引起雷击火灾和雷击触电。

（3）地震：引起坍塌。

（4）低温：造成低温伤害。

2. 建设期间的危害及有害因素

风电场建设期间的危险、有害因素包括起重伤害、超载、高处坠落、物体打击、机械伤害、火灾或爆炸、触电伤害、噪声危害、电磁辐射危害、车辆伤害等。

（1）起重伤害：重物（包括吊具、吊重或吊臂）坠落、夹挤、物体打击、起重机倾翻等事故。起重作业危险因素如下：

1）基础损坏。

2）与建筑物、电缆线相撞。

3）由于视界限制、技能培训不足等造成操作失误。

4）负载从吊轨或吊索上脱落。

5）起重机在运行中对人体的挤压和撞击。

6）使用的钢丝绳超过安全系数，造成断裂。

7）起重机操作工人未戴安全帽。

8）起重机吊钩超载断裂。

9）作业现场光线不良，造成视野不清。

10）使用报废的钢丝绳。

11）吊挂方式不正确，造成吊物从吊钩中脱出。

12）制动装置失灵。

13）滑轮损坏。

14）滑轮轴疲劳断裂。

（2）超载：超过工作载荷等。

（3）高处坠落：风电场项目部分设备、设施及操作平台的安装位置都在 2m 以上，风力发电机组安装在 80m 左右的塔架上而发生的坠落。

（4）物体打击：各类施工作业活动中都可能存在物体打击的危险。

（5）机械伤害：风电机组设备安装、输变电设备安装过程中由于作业的特殊性，往往采用非常规做法，因而造成的伤害。

（6）火灾或爆炸：在风电机组及输变电设备调试过程中，发生火灾或爆炸的部位有高压开关柜、电力电缆、油浸变压器、高压电缆头、润滑油箱、蓄电池组与临时用电线路。

（7）触电伤害：施工或调试过程中，电气系统产生过电压、用电设备缺相运行或机械设备卡住引起电器设备过载等引起绝缘层击穿短路，人为误操作、违章操作等引起，起重机械的臂杆或其他导电物体搭碰高压线，电动设备漏电、电线破坏等引起的触电伤害。

（8）噪声危害：风电场施工过程中产生的噪声主要来自柴油发电机、空压机、木加工机械、钢筋加工机械等运行产生的噪声；土方挖掘、爆破、凿岩、锤击、打桩、夯实等生产过程中产生的噪声；混凝土生产、搅拌、振捣过程产生的噪声；交通车辆及其他作业产生的噪声。

（9）电磁辐射危害：风电产生辐射源，主要有发电机、变电站和输电线路。

（10）车辆伤害：机动车辆在行驶中引起的人体坠落和物体倒塌、下落、挤压伤亡事故，不包括起重设备提升、牵引车辆和车辆停驶时发生的事故。

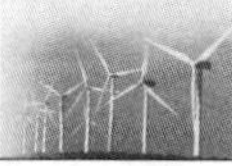

2.3.7 安全生产检查

1. 原则和形式

(1) 安全生产检查必须坚持分级负责、重点督查、注重实效、狠抓落实以及"谁检查、谁签字、谁负责"的原则。

(2) 安全生产检查采取分级检查制，即上级检查、企业级检查、项目部（班组）级检查。

1) 上级检查：政府主管部门或上级单位组织的对施工企业及相关工程项目现场的安全生产监督检查。

2) 企业级检查：施工企业组织的对工程项目、生产单位的安全生产、工程安全和职业健康等综合性的检查（抽查），度汛、交通安全、消防、地质灾害等其他安全隐患类别的专项检查等。

3) 项目部（班组）级检查：对项目部的办公区、宿营地、施工现场等工程安全管理情况和生产安全状况进行的日常性检查。

2. 内容和要求

(1) 上级检查。根据上级相关检查文件的要求由责任单位或施工企业明确负责迎检的单位牵头，由牵头单位负责组织迎检准备及汇报等工作，准备相关迎检材料，其他相关单位负责积极配合。对上级检查中发现的安全隐患以及整改要求，由牵头单位负责下发《隐患整改通知书》，并负责整改闭环管理。

(2) 企业级检查。①检查范围，各单位及工程项目部现场，以及所属单位的交通安全；②检查内容，安全管理检查和安全现场检查；③检查频次，企业所属项目现场全覆盖。

(3) 项目部级检查。①检查范围，项目现场或其他重点场所等；②检查内容，对项目现场或其他重点场所的工程安全管理情况和生产安全状况进行经常性检查，通过检查找出薄弱环节和事故隐患，采取措施及时消除隐患；③检查频次，经常性检查，项目综合性安全检查每月不少于1次。

(4) 班组级检查。①检查范围，办公区、宿营地、施工现场等；②检查内容，办公区、宿营地、施工现场等工程安全管理情况和生产安全状况进行日常性检查；③检查频次，班组和个人每天自检自查自纠，发现隐患和问题，及时排除和解决。

3. 问题和整改

日常检查应按规定填写安全工作日志，对发现的问题及处理情况做好相关记录。季节性检查、专项检查及专业检查宜事先编制安全检查表或制定检查计划，检查结束后应编写检查报告，并填写《安全检查登记表》。

企业组织的安全生产检查，应当依据相关规定做出评价，作为项目部安全生产考核部分评分的依据。各单位组织的安全生产检查应形成书面材料，对检查中发现的问题，要落实责任人、整改期限及检查验收人员。《安全检查登记表》由检查人员填写，检查负责人和被检查单位负责人签字认可，由检查单位安全生产管理部门存档备查。

组织检查的牵头部门负责对检查中发现的安全隐患发出“整改通知单”，并督促其责任单位进行整改闭环，按要求提交“隐患整改报告”。对有即发性生产安全事故危险隐患的责任单位，应填写“停工指令书”，立即停工整改，并进行整改闭环；发现重大安全隐患的，所属单位一时难以整改或无法整改的，要按照要求制定事故应急预案，加强监控，同时报企业安全生产管理部门。

2.3.8　制度文件

1. 目标制定、分解、监督与考核

根据企业及工程建设项目的安全生产目标进行有效分解后制定项目部安全生产目标。项目部各相关部门根据本项目部安全生产目标及工程建设项目安全生产目标，制定分级目标。根据单位安全生产目标及工程建设项目安全生产目标，制定保证措施。定期对项目部安全生产目标保证措施的实施情况进行监督检查，对安全生产目标完成情况进行评价、考核记录。

2. 组织机构、安全生产监督体系与职责

（1）组织机构。项目部成立安全生产委员会（以下简称“安委会”）或安全生产领导小组并形成相关文件，明确安委会（或安全生产领导小组）的职责和工作制度；形成项目部安委会（或安全生产领导小组）会议纪要和建立安全生产保证体系的通知；制定安全生产保证体系成员安全职责。

（2）安全生产监督体系与职责。

1）要完善各级安全生产保证体系工作制度和例会制度文件。

2）要有各级负责人按工作制度和例会制度开展工作形成的会议纪要。

3）要有项目部成立安全生产监督管理机构、安全生产监督体系的相关材料；项目部安全生产监督机构定期检查本单位安全生产工作情况，纠正违反安全生产法规及规章制度的行为的安全监督工作材料；项目部安全管理人员对危险性较大的工作进行现场监督的记录；项目部安全监督网络会议的会议纪要；安全管理人员对危险性较大的工作未进行现场监督的记录；项目部制定的安全生产责任制；项目部主要负责人应全面负责安全生产工作及履行主要职责的证明性材料；安全生产责任制落实情况进行考核证明性材料。

3. 安全生产投入

企业和项目部提取安全生产专项经费的证明性材料；企业安全生产费用管理制

度；企业制定安全生产费用使用计划；企业和各项目部安全生产费用使用台账或台账记录；总承包单位按比例将安全生产费用支付分包单位使用的证明性材料；企业组织相关部门对安全生产费用使用情况检查、考核的记录；企业安全生产费用使用范围等证明性材料。

4. 法律法规与安全管理制度

企业制定的安全生产法律法规、标准规范的识别、获取制度；企业发布的适用安全生产法律法规、标准规范清单；企业制定和发布的安全生产管理制度；企业根据岗位、工种特点和设备安全技术要求，引用或编制的安全操作规程；对安全生产法律法规、标准规范、规章制度、操作规程进行适用性评审的记录；按评审结果修订安全生产管理规章制度和安全操作规程；企业建立的主要安全生产过程、事件、活动、检查的安全记录台账。

5. 教育培训

企业制定的安全生产教育培训管理制度；企业制定并发布的安全生产教育培训计划；企业安全生产教育培训师资、资金和设施落实的材料；安全生产教育培训记录、台账和档案；培训效果验证、评估记录；企业主要负责人、安全生产管理人员安全管理教育培训合格证书；企业每年对作业人员进行安全生产教育培训的记录；企业制定的安全理念；企业制定的安全文化建设规划；企业开展安全文化活动的材料；企业建立的安全设施标准、安全作业行为标准、文明施工规范。

6. 施工设备管理

企业设置施工机械设备管理部门的材料，建立施工机械设备管理网络，制定的施工机械设备管理岗位职责，制定的施工机械设备管理制度及特种设备的管理制度；企业新购置的、大修的、重新安装后的施工机械设备台账和验收资料，企业购置的特种设备证件、资料；企业建立的特种设备作业人员管理台账；特种设备作业人员有效证件；企业施工设备台账、大型施工机械及特种设备档案资料；企业组织识别大型施工设备安装、使用、维修、拆除的危险源（点）的记录，根据已识别出的危险源（点）制定的相应措施；企业制定的施工机械设备危险作业专项方案、审批权限及流程记录；企业制定的施工设备安全操作维修保养办法；企业定期对施工设备维修保养情况进行检查验证和考核的材料；企业制定的施工设备安全监督检查计划，按计划进行检查的检查记录；企业编制的各类施工设备的日常、专项和定期检查表，按计划进行检查的记录；企业对相关方提供的施工设备制定的相关技术标准和安全使用条件要求；外租施工设备租赁合同和安全协议；企业对外委托安装、拆除施工设备，签订的施工合同或安全协议。

7. 作业安全

企业分级建立施工技术管理机构的资料；企业制定的施工技术管理办法；企业技

术管理人员台账；企业施工用电、安全设施、脚手架和跨越架搭拆、使用安全、防火防爆安全、消防安全、高处作业安全、爆破器材和爆破作业安全、起重作业、分包（供）方等相关方管理制度；消防管理组织机构、消防安全机构和人员；企业安全生产预算费用中列支危险场所警示标志费用的证明材料；企业编制的危险作业区域安全管理程序，审批的施工组织设计的材料；企业列支危险作业区域的安全投入费用的证明材料；企业提供的分包（供）单位资质进行审查材料、企业与分包方签订的安全协议；企业按合同要求向建设单位、监理单位申报拟分包的工程计划，以及分包商资质、业绩等文件；企业制定的相关方日常监督检查机制，对分包商全过程的施工安全进行监督检查的资料；企业对相关方的考核评估信息进行采集分析的资料，合格的分包商名册；企业制定的变更管理办法，企业履行变更审批及验收程序的资料。

8. 隐患排查和治理

企业定期组织安全生产管理人员、工程技术人员和其他相关人员对本单位的事故隐患排查后的隐患分析评估报告、排查出的隐患登记档案；企业及时向有关部门报送重大事故隐患的材料；隐患排查实施方案；企业每季度、每年对本单位事故隐患排查治理情况进行统计分析的报告，并向有关部门报送书面统计分析表；企业每季度、每年向有关部门报送隐患统计分析表；企业制定的隐患排查检查表；一般事故隐患整改排除记录；重大事故隐患治理方案、重大事故隐患治理临时控制措施和应急措施；重大事故隐患整改时安全管理人员监督记录；隐患治理完成后对隐患治理情况验证或评估报告；企业制定的自然灾害及事故隐患预测预警管理办法等。

9. 危险源辨识和重大危险源监控

企业对危险有害因素辨识与评估后的材料；经过辨识确定重大风险及重大危险源后发布的相关文件等材料；重大危险源登记档案；重大危险源相关资料报所在地有关主管部门（当地安监局）备案的材料；企业制定的重大危险源安全管理制度；企业制定的重大危险源安全管理技术措施；企业对重大危险源实施监控并形成的记录。

10. 劳动保障合同

企业建立的职业危害因素种类清单和岗位分布情况统计表；企业安排相关岗位人员在上岗前、在岗期间、离岗时和应急的职业健康检查证明；企业为相关岗位作业人员建立职业健康监护档案；企业与从业人员订立的劳动合同；企业对职业危害开展的多种形式的宣传教育活动记录或相应材料；企业及时、如实向当地主管部门申报施工过程存在的职业危害因素并依法接受其监督的材料。

11. 应急救援

企业建立的突发事件应急领导机构的材料；企业突发事件应急领导机构责任制度；企业建立的应急专家组材料；企业编制、发布的综合应急预案及专项应急预案；综合应急预案及专项应急预案在当地主管部门备案的函或回执；企业应急预案定期进

行评审，以及根据评审结果修订和完善的记录。企业落实应急救援经费、医疗、交通运输、物资、治安和后勤等保障措施过程提取费用的凭证或佐证材料；应急物资、装备、器材台账；对应急设施、应急装备、应急物资进行定期检查和维护的记录；企业制定的3～5年应急演练规划方案；企业制定的本年度应急预案培训计划、应急演练计划、应急培训记录、签到表；应急预案演练方案、应急演练前的培训或交底记录、应急预案演练过程的记录、图片等材料；应急预案演练完成后对演练效果进行评估的报告或记录，根据演练效果评估结果修订、完善应急预案的记录或材料；突发事件后对应急预案进行评价、改进的记录或材料；突发事件后未对应急救援进行总结的报告。

12. 事故报告、调查和处理

企业制定的安全生产事故和突发事件等安全信息管理制度；企业建立的事故档案；发生事故后编制的事故调查报告；针对事故落实整改措施的记录或材料。

13. 绩效评定和持续改进

根据安全绩效考评管理办法进行绩效评定，并综合安全绩效考评结果持续改进。

2.4 风电场工程分部分项工程作业安全管理

2.4.1 编制安全技术措施

在施工组织设计中编制安全技术措施和施工现场临时用电方案，附安全验算结果，经技术负责人、总监理工程师签字后方可实施，并由专职安全生产管理人员进行现场监督。

2.4.2 安全防护手册

编制适合工程需要的分部分项工程作业《安全防护手册》，其内容应遵守国家颁布的各种安全规程。《安全防护手册》除发给承包人全体职工外，还应发给发包人、监理人。《安全防护手册》的基本内容应包括（但不限于）：防护衣、安全帽、防护鞋袜及防护用品的使用；各种施工机械的使用；汽车驾驶安全；用电安全；土石方开挖、模板作业的安全；混凝土浇筑作业的安全；塔筒、风电机组安装（机修）作业的安全；焊接（钢筋连接）作业的安全和防护；防腐（油漆）作业的安全和防护；意外事故和火灾的救护程序；信号和告警知识；其他有关规定。

2.4.3 教育培训

（1）新员工、新上岗培训内容及要求：新员工在上岗前应接受企业级、项目部（部门）、班组“三级”安全教育培训，新员工入职时，由人力资源部门开具安全教育通知单，到安全管理部门进行企业级安全教育，培训时间为 24 学时；企业级安全教育结束后，经考试合格并由安全教育负责人填写“三级”安全教育卡、签署意见后，由新员工带着“三级”安全教育卡回到人力资源部门，人力资源部门再将新员工分配到项目部（部门）教育，培训时间为 24 学时；教育结束后，经考试合格并由教育负责人填写“三级”安全教育卡、签署意见后，将新员工介绍到项目部（部门）班组教育，培训时间为 24 学时。

（2）企业级岗前安全教育培训内容应包括：①企业安全生产情况及安全生产基本知识；②企业安全生产规章制度和劳动纪律；③从业人员安全生产权利和义务；④有关事故案例；⑤事故应急救援、事故应急预案演练及防范措施等内容。

（3）项目部级（部门）岗前安全培训内容应当包括：①工作环境及危险因素；②所从事工种可能遭受的职业伤害和伤亡事故；③所从事工种的安全职责、操作技能及强制性标准；④自救互救、急救方法、疏散和现场紧急情况的处理；⑤安全设备设施、个人防护用品的使用和维护；⑥本单位（部门）安全生产状况及规章制度；⑦预防事故和职业危害的措施及应注意的安全事项；⑧有关事故案例；⑨其他需要培训的内容。

（4）班组级岗前安全培训内容应包括：岗位安全操作规程、岗位之间工作衔接配合的安全与职业卫生事项、有关事故案例、其他需要培训的内容、教育培训情况记入员工安全教育培训档案。

2.4.4　安全会议

1. 安全例会

项目部主要负责人每月应组织召开一次安全生产工作例会。参加人员有项目主要负责人，项目各职能部门、工区、作业队（含分包队伍）负责人。会议内容为学习贯彻国家和上级主管部门的安全生产方针；总结上个月施工生产中安全和文明施工情况；协调解决施工中存在的环保、职业健康安全问题，提出改进措施并闭环整改；布置下个月安全生产计划及对上个月发生的安全事故进行处理；追踪上个月部署要求的整改落实情况；进行危险因素、环境及安全隐患辨识，拟定预控措施；通报上个月安全情况及考评结果等。由项目安全管理部门负责会议记录，并形成完整的资料。

2. 安全生产监督网络会议

根据安全生产情况，安全总监每月组织召开一次安全生产监督网络会议。参加人员有专职、兼职安全管理人员。会议内容为对安全检查情况进行通报，纠正违反安全生产法规及规章制度的行为，对较大危险工作进行分析监督，追踪整改落实情况。由安全管理部门负责会议记录，并形成完整的资料。

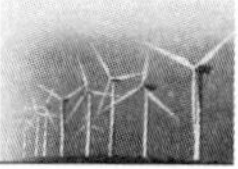

3. 班组班前安全会议

项目部班（组）必须在每班班前召开安全会议，会议由班（组）长或指定带班人负责主持。参加人员为本班（组）全体人员。会议内容为针对本班所从事的作业环境及施工特点，做好危险点分析，提出安全注意事项，并对施工场所存在的危险采取管控措施，对班组人员所佩戴的防护用品进行检查。会议记录由班组长或其他指定人员进行记录，并要求所有参会人员在记录上签名备查。会议其他要求有：会议记录本用完后，上交项目部安全管理部门保存；遇重大问题应以文字方式上报工区（队）或项目部解决。

2.4.5 安全生产经费

1. 安全生产经费计提

安全生产经费以建筑安装工程造价为计提依据，按照建设工程类别按比例计提。风电场工程安全生产经费计提标准为2.0%。

2. 安全生产经费使用程序和范围

（1）安全生产经费使用程序包括：安全生产经费的预算、计提、计划、使用、验证复核、分包单位安全生产经费的结算支付、安全生产经费的核销及安全生产经费台账管理等环节。

（2）安全生产经费的使用范围包括：

1）完善、改造和维护安全防护设施设备支出（不含“三同时”要求初期投入的安全设施），包括施工现场临时用电系统、临边、机械设备、高处作业防护、交叉作业防护、防火、防爆、防尘、防毒、防雷、防台风、防地质灾害、有害气体监测、通风、临时安全防护等设施设备支出。

2）配备、维护、保养应急救援器材、设备支出和应急演练支出。

3）开展重大危险源和事故隐患评估、监控和整改支出。

4）安全生产检查、评价（不包括新建、改建、扩建项目安全评价）、咨询和标准化建设支出。

5）配备和更新现场作业人员安全防护用品支出。

6）安全生产宣传、教育、培训支出，安全警示标志支出。

7）安全生产适用的新技术、新标准、新工艺、新装备的推广应用支出。

8）安全设施及特种设备检测检验支出，结算给分包单位的安全生产费用，其他与安全生产直接相关的支出。

2.4.6 现场安全管理

1. 安全准入和管理内容

施工前，必须由企业安全管理员对施工人员进行职业健康安全方面教育；承包方必须编制项目安全作业指导书，并经施工企业安全部门或人员监督审查通过；承包方施工人员进入施工现场作业，必须佩戴劳动保护用品。承包方施工队伍安全防护设备、器具必须配置到位；施工前做好施工机具安全性自查；承包方施工车辆进入施工区域车速应符合规定等。

负责项目管理的技术人员就安全施工有关技术要求向施工作业班组、作业人员作详细说明和交底，并经双方签字确认。在施工现场入口处、施工起重机械、临时用电设施、脚手架、出入通道口、楼梯口、孔洞口及有害危险气体和液体存放处等危险部位，设置符合国家标准的醒目的安全警示标识。根据本工程不同施工阶段和周围环境及季节、气候的变化，在施工现场采取相应的安全施工措施。对因工程建设施工可能造成损害的毗邻建筑物、构筑物和地下管线等，应当采取专项防护措施。

向作业人员提供安全防护用具和安全防护服装，并书面告知危险岗位的操作规程和违章操作的危害。作业人员有权对施工现场的作业条件、作业程序和作业方式中存在的安全问题提出批评、检举和控告，有权拒绝违章指挥和强令冒险作业。在施工中发生危及人身安全的紧急情况时，作业人员有权立即停止作业或者在采取必要的应急措施后撤离危险区域。

采购、租赁的安全防护用具、机械设备、施工机具及配件，必须具有生产（制造）许可证、产品合格证，并在进入施工现场前由专职安全生产管理人员进行查验。施工现场的安全防护用具、机械设备、施工机具及配件必须设专人管理，并定期进行检查、维修和保养，建立相应的资料档案，禁止使用不合格的或已达到报废期限的产品。

2. 风险识别和重大危险源管控

（1）风险识别。施工企业项目部应组织对本项目活动范围内存在的危险源进行辨识，确定危险源清单。施工企业项目部安全管理部门组织有关人员对本单位确定的危险源逐项进行评价，建立《危险源评价记录》，根据危险性等级判定标准，确定《重大危险源清单》，经项目主要负责人批准后发布，并报相关单位备案。

（2）重大危险源管控。建立完善重大危险源信息台账和档案，确保重大危险源信息档案及时更新。根据施工企业重大危险源安全管理规章制度，制定重大危险源安全管理与监控的实施方案，落实监控责任。对重大危险源进行适时监控，设置重大危险源现场安全警示标识和警示牌（内容包含名称、地点、责任人员、事故模式、影响范围、控制措施等），并定期检查、维护，确保完好、清洁、内容齐全。定期对重大危险源场所及其仪器、设备、设施进行安全检查、检测和维护、保养，确保完好，并在台账中记录。

2.4.7　隐患排查治理

事故隐患排查治理应纳入施工企业日常生产经营工作中，按照：发现→评估→报

告→治理→验收→销号的流程形成闭环管理。施工企业应制定年度隐患排查治理工作方案，结合安全检查开展隐患排查治理活动。施工项目部应结合日常安全检查开展隐患排查，同时每月至少组织一次安全生产管理人员、工程技术人员和其他相关部门人员参加的事故隐患排查活动。项目部对一般事故隐患应立即整改，对排查出的重大事故隐患应立即采取控制措施，防止事故发生，并及时制定事故隐患治理方案。施工作业队、班组等作业单位应在生产作业前对作业现场进行隐患排查。排查出的隐患能够立即治理的应及时治理，不能治理的应及时上报，不得冒险作业。

事故隐患排除前或者排除过程中无法保证安全的，应当从危险区域内撤出作业人员，并疏散可能危及的其他人员，设置警戒标志，暂时停产停业或者停止使用；对暂时难以停产或者停止使用的相关生产储存装置、设施、设备，应当加强监控、维护和保养，防止事故发生。项目部在隐患排查治理工作中遇有自身难以解决的技术等问题，应及时上报，施工企业组织专家等予以解决。

2.4.8 风电机组安装安全管理内容

(1) 风电机组安装前。

1) 施工单位应向建设单位提交安全措施、组织措施、技术措施文件，经审查批准后方可开始施工。

2) 安装现场应成立安全监察机构，并设安全监督员。

3) 之前应制定施工方案，施工方案应符合国家及上级安全生产规定，并报有关部门审批。

4) 安装现场道路应平整、通畅，所有桥涵、道路能够保证各种施工车辆安全通行。

5) 必须已完成风电机组基础验收。

6) 安装场地应满足吊装需要，并应有足够的零部件存放场地。

7) 施工现场应根据需要设置警示性标牌、围栏等安全设施；现场临时用电应采取可靠的安全措施；风电机组安装的吊装设备，应符合《电业安全工作规程》(GB 26164—2010) 的规定；现场应备有常用的应急医药用品，配备如对讲机等通信设备且保持通信畅通。

(2) 参与吊装人员。

1) 必须检查吊车各零部件，正确选择吊具。

2) 认真检查风电机组设备，防止物品坠落。

3) 吊装现场必须设专人指挥，指挥人员必须有安装工作经验，执行规定的指挥手势和信号。

4) 起重机械操作人员在吊装过程中负有重要责任。

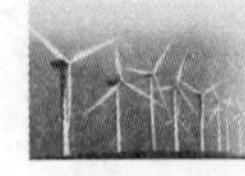

5）吊装指挥和起重机械操作人员要共同制定吊装方案。

6）指挥人员应向起重机械操作人员交代清楚工作任务。

7）遇有大雾、雷雨天、照明不足，指挥人员看不清各工作地点或起重机械操作人员看不见指挥人员时，不得进行起重工作。

（3）起吊过程中。

1）不得调整吊具，不得在吊臂工作范围内停留。

2）塔上协助安装指挥及工作人员不得将头和手伸出塔筒之外。

3）所有吊具调整应在地面进行。

4）在吊绳被拉紧时，不得用手接触起吊部位，以免碰伤。

5）机舱、桨叶、叶轮起吊风速不能超过安全起吊数值。

6）安全起吊风速大小应根据风电机组设备安装技术要求决定。

7）起吊塔筒的吊具必须齐全。

8）起吊点要保持塔筒直立后下端处于水平位置，应有导向绳导向。

9）起吊机舱时，起吊点应确保无误。

10）在吊装中必须保证有一名工程技术人员在塔筒平台协助指挥吊车司机起吊。

11）起吊机舱必须配备对讲机，系好导向绳。

12）起吊桨叶必须保证起吊设备充足。

13）应有两根导向绳，导向绳长度和强度应足够。

14）应用专用吊具，加护板。

15）工作现场也必须配备对讲机。

16）保证现场有足够人员拉紧导向绳，保证起吊方向，避免触及其他物体。

17）敷设电缆之前应认真检查电缆支架是否牢固。

（4）正式启动前。

1）测量绝缘，做好记录。

2）校核测量电压值和电压平衡性。

3）应用力矩扳手将所有螺栓拧紧到标准力矩值。

4）按照设备技术要求进行超速试验、飞车试验、振动试验，正常停机试验及安全停机、事故停机试验。

5）通过现场验收，具备并网运行条件。

6）填写风电机组安装报告。

7）在进行超速和飞车试验时，风速不能超过规定数值。

8）试验之后应将风电机组参数值调整到额定值。

9）所有风电机组试验，应有两名以上工作人员参加。

10）风电机组调试期间，应在控制盘、远程控制系统操作盘处挂禁止操作牌。

2.4.9 分包安全管理

项目部应依据分包合同对分包方服务的条件进行验证、确认、审查或审批，包括项目管理机构、人员的数量和资格、入场前培训、施工机械（机具器、设备或设施）、监视和测量资源、主要工程设备及材料等。

在施工前，应组织安全交底或培训，对施工分包方入场人员的“三级”安全教育进行检查和确认，具体如下：

（1）班前安全教育。为减少日常违章现象的重复发生和落实班组长的安全职责，项目部各作业单位班组长每天必须进行班前安全教育，无论时间长短，都必须向作业人员要待当日工作内容及要注意的安全事项和必须佩戴的安全防护用品。

（2）工序交接安全交底。当一个施工班组完成本工序时，必须向下一个班组进行本工序的安全注意事项和安全防护设施不可随意破坏的交底，并做好安全交底记录，双方签字确认。

（3）交叉作业安全交底。当两个施工班组同时在同一地点施工不同工序时，双方安全员或组班组长必须在现场协调指挥，向现场施工的人员进行安全交底，尽量不要靠近对方作业点，严禁出现一方作业人员在另一方吊装作业区的下方施工作业，双方班组负责人必须在施工前进行沟通，并形成记录。

应按分包合同要求，确认、审查或审批分包方编制的专项施工方案、安全环境和试运行的管理计划等，并监督其实施。与施工分包方签订职业健康安全、环境保护、文明施工等目标责任书，并建立定期检查制度。依据分包合同和安全生产管理协议等的约定，明确分包方的安全生产管理、文明施工、绿色施工、劳动防护以及列支安全文明施工费、危大项目措施费等方面的职责和应采取的职业健康、安全、环保等方面的措施，并指定专职安全生产管理等人员进行管理与协调。对分包方的履约情况进行评价，并保存记录，作为对分包方奖惩和改进分包管理的依据。

2.5 风电场施工危险作业及危大工程安全管理

2.5.1 危险有害因素辨识评价

1. 直接判断法

直接判断法应主要考虑法律法规的符合性和类似事故的经验教训。当危险源（危险有害因素）现状不符合法律法规、标准规范要求或已经发生类似事故、事件时，应直接判断为重大危险因素。

2. 作业条件危险性评价法（LEC 法）

作业条件危险性评价法中危险性大小 D 值计算式为

$$D=LEC \tag{2-1}$$

式中　D——危险性大小；

L——发生事故或危险事件的可能性；

E——人体暴露于危险环境的频率；

C——危险严重程度。

（1）表示发生事故或危险事件的可能性的 L 值与作业类型有关，按表 2-1 确定。

表 2-1　发生事故或危险事件的可能性 L 值对照表

L 值	发生事故或危险事件的可能性	L 值	发生事故或危险事件的可能性
10	完全可以预料	0.5	很小可能，可以设想
6	相当可能	0.2	极不可能
3	可能，但不经常	0.1	实际不可能
1	可能性小，完全意外		

（2）表示人体暴露于危险环境的频率 E 值与工程类型无关，仅与施工作业时间长短有关，按表 2-2 确定。

表 2-2　人体暴露于危险环境的频率 E 值对照表

E 值	暴露于危险环境的频繁	E 值	暴露于危险环境的频繁
10	连续暴露	2	每月 1 次暴露
6	每天工作时间内暴露	1	每年几次暴露
3	每周 1 次暴露或偶然暴露	0.5	非常罕见暴露

（3）表示危险严重程度的 C 值与危险源（危险因素）在触发因素作用下发生事故时产生后果的严重程度有关，按表 2-3 确定。

表 2-3　危险严重程度 C 值对照表

C 值	危险严重程度	C 值	危险严重程度
100	大灾难，很多人死亡或造成重大财产损失	7	严重，重伤，或较小的财产损失
40	灾难，数人死亡或造成很大财产损失	3	重大，致残，或很小的财产损失
15	非常严重，1 人死亡或造成一定的财产损失	1	引人注目，不利于基本的安全卫生要求

（4）表示危险性大小的 D 值，可按表 2-4 划分。$D>70$ 时属于重大危险源（危险因素）。

对超过一定规模的危险性较大的分部分项工程施工活动辨识出的、国家已明确的危险源（危险因素）类型，根据管理工作的资源配置情况，可采取定性分析的方法，确定危险等级。

表 2-4 危险性大小 D 值划分标准

D 值区间	危险程度	危险等级
$D>320$	极其危险，不能继续作业	Ⅰ
$320\geqslant D>160$	高度危险，需立即整改	Ⅱ
$160\geqslant D>70$	显著危险，需要整改	Ⅲ
$70\geqslant D>20$	一般危险，需要注意	Ⅳ
$20\geqslant D$	稍有危险，可以接受	Ⅴ

2.5.2 重大危险因素分级

重大危险因素按发生事故的后果分为：

（1）Ⅰ级重大危险因素：可能造成 30 人以上（含 30 人）死亡，或者 100 人以上重伤，或者 1 亿元以上直接经济损失的危险源。

（2）Ⅱ级重大危险因素：可能造成 10～29 人死亡，或者 50～99 人重伤，或者 5000 万元以上 1 亿元以下直接经济损失的危险源。

（3）Ⅲ级重大危险因素：可能造成 3～9 人死亡，或者 10～49 人重伤，或者 1000 万元以上 5000 万元以下直接经济损失的危险源。

（4）Ⅳ级重大危险源（危险因素）：可能造成 3 人以下死亡，或者 10 人以下重伤，或者 1000 万元以下直接经济损失的危险源。

2.5.3 危大工程专项施工方案编制内容

危大工程在施工前必须编制专项施工方案，专项施工方案由项目技术负责人编制，专项施工方案内容应结合工程具体情况编制，并应当包括以下内容：

（1）工程概况，包括危大工程概况和特点、施工平面布置、施工要求和技术保证条件。

（2）编制依据，包括相关法律、法规、规范性文件、标准、规范、施工图设计文件、施工组织设计等。

（3）施工计划，包括施工进度计划、材料与设备计划。

（4）施工工艺技术，包括技术参数、工艺流程、施工方法、操作要求、检查要求等。

（5）施工安全保证措施，包括组织保障措施、技术措施、监测监控措施等。

（6）施工管理及作业人员配备和分工，包括施工管理人员、专职安全生产管理人员、特种作业人员、其他作业人员等。

（7）验收要求，包括验收标准、验收程序、验收内容、验收人员等。

（8）应急处置措施。

（9）计算书及相关施工图纸。

2.5.4　危大工程专项施工方案论证会要求

超过一定规模的危大工程专项施工方案论证会的参会人员应当包括：①专家、建设单位项目负责人；②有关勘察、设计单位项目技术负责人及相关人员；③总承包单位和分包单位技术负责人或授权委派的专业技术人员、项目负责人、项目技术负责人、专项施工方案编制人员、项目专职安全管理人员及相关人员；④监理单位项目总监理工程师及专业监理工程师。

2.5.5　危大工程专项施工方案论证内容及要求

（1）超过一定规模的危大工程专项施工方案论证应当包括：①专项施工方案内容是否完整、可行；②专项施工方案计算书和验算依据、施工图是否符合有关标准规范；③专项施工方案是否满足现场实际情况，并能够确保施工安全。

（2）超过一定规模的危大工程专项施工方案经专家论证后结论为“通过”的，项目部参考专家意见自行修改完善；结论为“修改后通过”的，专家意见要明确具体修改内容，项目部应当按照专家意见进行修改，并履行有关审核和审查手续后方可实施，修改情况应及时告知专家。

2.5.6　危大工程安全技术交底、公示及监管

1. 危大工程安全技术交底

危大工程专项施工方案交底工作由项目技术负责人负责，由项目技术负责人或安排编制人员向施工现场管理人员进行方案书面交底。

施工现场管理人员向作业人员进行安全技术交底，并由双方和项目专职安全生产管理人员共同签字确认。

2. 危大工程安全公示

项目部应当在施工现场显著位置公告危大工程名称、施工时间、施工负责人、安全监控负责人等，并在危险区域设置安全警示标识。

3. 危大工程安全监管

项目部应当对危大工程施工作业人员进行登记制度，由现场管理人员负责实施。项目专职安全生产管理人员对专项施工方案实施情况进行现场监督，对未按照专项施工方案施工的，应当要求立即整改，并及时报告项目负责人，项目负责人应当及时组织限期整改。项目部应当按照规定对危大工程进行施工监测和安全巡视，发现危及人身安全的紧急情况，应当立即组织作业人员撤离危险区域。危

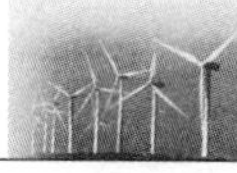

大工程发生险情或者事故时，施工单位应当立即采取应急处置措施，并按规定程序及时上报报告。

2.5.7 危大工程验收

对于按照规定需要验收的危大工程，项目部应当组织相关人员进行验收。验收合格的，经项目技术负责人及总监理工程师签字确认后，方可进入下一道工序。

危大工程验收合格后，施工单位应当在施工现场明显位置设置验收标识牌，公示验收时间及责任人员。

危大工程验收人员包括：①总承包单位和分包单位技术负责人或授权委派的专业技术人员、项目负责人、项目技术负责人、专项施工方案编制人员、项目专职安全管理人员及相关人员；②监理单位项目总监理工程师及专业监理工程师；③有关勘察、设计和监测单位项目技术负责人。

2.5.8 危大工程档案管理及信息管理

（1）项目部应当建立危大工程安全管理档案，档案内容应包括以下内容：危险性较大的分部分项工程清单及相应的安全管理措施；危险性较大的分部分项工程专项施工方案及审批手续；危险性较大的分部分项工程专项施工方案变更手续；专家论证相关资料；危险性较大的分部分项工程方案交底及安全技术交底；危险性较大的分部分项工程施工作业人员登记记录，项目负责人现场履职记录；危险性较大的分部分项工程现场监督记录；危险性较大的分部分项工程施工监测和安全巡视记录；危险性较大的分部分项工程验收记录。

（2）项目部将专项施工方案及审核、专家论证、交底、现场检查、验收及整改等相关资料纳入档案管理并上传公司PM项目管理系统。项目部应及时将项目部涉及的危大工程向安全环保部门备案，每月随同安全月报上报危大工程执行情况。

2.5.9 风电场危险性较大的分部分项工程范围

2.5.9.1 应编制专项施工方案的分部分项工程

1. 通用部分（包括但不限于）

（1）特殊地质地貌条件下施工。人工挖孔桩工程；土方开挖工程：开挖深度超过3m（含3m）的基坑（槽）的土方开挖工程；基坑支护、降水工程：开挖深度超过3m（含3m）或虽未超过3m，但地质条件和周边环境复杂的基坑（槽）支护、降水工程；边坡支护工程。

（2）各类工具式模板工程、混凝土模板支撑工程及承重支撑体系。

1）各类工具式模板工程：包括大模板、滑模、爬模、飞模、翻模等工程。

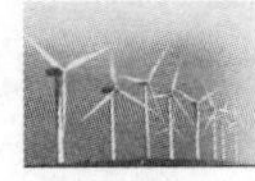

2）混凝土模板支撑工程：搭设高度 5m 及以上；搭设跨度 10m 及以上；施工总荷载 10kN/m^2 及以上；集中线荷载 15kN/m^2 及以上；高度大于支撑水平投影宽度且相对独立无联系构件的混凝土模板支撑工程。

3）承重支撑体系：用于钢结构安装等满堂支撑体系。

（3）起重吊装及安装拆卸工程。采用非常规起重设备、方法，且单件起吊重量在 10kN 及以上的起重吊装工程；采用起重机械进行安装的工程；起重机械设备自身的安装、拆卸。

（4）脚手架工程。搭设高度 24m 及以上的落地式钢管脚手架工程；附着式整体和分片提升脚手架工程；悬挑式脚手架工程；吊篮脚手架工程；自制卸料平台、移动操作平台工程；新型及异型脚手架工程；拆除、爆破工程：建（构）筑物拆除工程；采用爆破拆除的工程；临近带电体作业。

（5）建筑幕墙安装工程。钢结构、网架和索膜结构安装工程；地下暗挖、顶管、盾构、水上（下）、滩涂及复杂地形作业；预应力工程；用电设备在 5 台及以上或设备总容量在 50kW 及以上的临时用电工程；厂用设备带电；主变压器就位、安装；高压设备试验；厂、站（含风力发电）设备整套启动试运行；有限空间作业；采用新技术、新工艺、新材料、新设备的分部分项工程。

2. 送变电及新能源工程

送变电及新能源工程。运行电力线路下方的线路基础开挖工程；10kV 及以上带电跨（穿）越工程；15m 及以上跨越架搭拆作业工程；跨越铁路、公路、航道、通信线路、河流、湖泊及其他障碍物的作业工程；铁塔组立，张力放线及紧线作业工程；采用无人机、飞艇、动力伞等特殊方式作业工程；铁塔、线路拆除工程；索道、旱船运输作业工程；塔筒及风电机组运输、安装工程；山地光伏安装（含设备运输）工程。

2.5.9.2　专项施工方案应组织专家论证的分部分项工程

1. 通用部分（包括但不限于）

（1）深基坑工程。开挖深度超过 5m（含）的基坑（槽）的土方开挖、支护、降水工程；开挖深度虽未超过 5m，但地质条件、周围环境和地下管线复杂或影响毗邻建（构）筑物安全的基坑（槽）的土方开挖、支护、降水工程。

（2）各类工具式模板工程、混凝土模板支撑工程及承重支撑体系。

1）各类工具式模板工程：包括大模板、滑模、爬模、飞模、翻模等工程。

2）混凝土模板支撑工程：搭设高度 8m 及以上；搭设跨度 18m 及以上；施工总荷载 15kN/m^2 及以上；集中线荷载 20kN/m 及以上。

3）承重支撑体系：用于钢结构安装等满堂支撑体系，受单点集中荷载 700kg 以上。

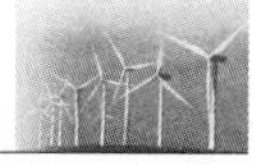

(3) 起重吊装及安装拆卸工程。采用非常规起重设备、方法，且单件起吊重量在100kN及以上的起重吊装工程；起重量600kN及以上的起重设备安装工程；高度200m及以上内爬起重设备的拆除工程。

(4) 脚手架工程。搭设高度50m及以上落地式钢管脚手架工程；提升高度150m及以上附着式整体和分片提升脚手架工程；架体高度20m及以上悬挑式脚手架工程。

(5) 拆除、爆破工程。采用爆破拆除的工程；码头、桥梁、高架、烟囱、冷却塔拆除工程；容易引起有毒有害气（液）体、粉尘扩散造成环境污染及易引发火灾爆炸事故的建、构筑物拆除工程；可能影响行人、交通、电力设施、通信设施或其他建（构）筑物安全的拆除工程；文物保护建筑、优秀历史建筑或历史文化风貌区控制范围的拆除工程。

(6) 其他。施工高度50m及以上的建筑幕墙安装工程；跨度大于36m及以上的钢结构安装工程；跨度大于60m及以上的网架和索膜结构安装工程；开挖深度超过8m的人工挖孔桩工程；复杂地质条件的地下暗挖工程、顶管、盾构、水下作业工程；高度在30m及以上的高边坡支护工程；采用新技术、新工艺、新材料、新设备且无相关技术标准的分部分项工程。

2. 送变电及新能源工程

送变电及新能源工程包括高度超过80m及以上的高塔组立工程；运输重量在20kN及以上、牵引力在10kN及以上的重型索道运输作业工程；风电机组（含海上）吊装工程。

2.6 风电场施工消防安全管理

施工企业应当在施工现场建立消防安全责任制度，明确消防安全责任人，制定用火、用电、使用易燃易爆材料等各项消防安全管理制度和操作规程，设置消防通道、消防水源，配备消防设施和灭火器材，并在施工现场入口处设置明显标志。

2.6.1 主要管理内容

现场仓库、宿舍、加工场地及重要设备旁应有相应的灭火器材，并挂牌明示本处可燃介质、适用消防器材、应设置量标准、实际设置量、下次更换日期、责任人；消防设施应根据气候设置防雨、防冻等措施，并定期进行检查、试验，确保设施完好；项目部重点防火部位或场所应建立动态管理的清单，并建立防火重点部位或场所的档案；档案内容包括地点、易燃介质、应配备灭火介质的数量、实际配备灭火介质的数量、区域管理责任人员、安全检查人员、定期检查计划、检查评估报告、隐患处理报告等。

2.6.2　制度文件材料

项目部制定的消防安全管理制度、消防安全责任制度、消防安全组织机构图、消防人员名单；消防知识培训记录、参与培训人员签到表；消防应急演练记录；项目部的临建设施之间的安全距离汇总表、消防通道设置情况材料；消防管道的管径及消防水的扬程具体参数，消防水设置能满足施工期最高消防点需要的图纸或其他佐证材料；项目部消防设备设施台账；项目部重点防火部位或场所动态管理的清单，防火重点部位或场所档案；动火作业票。

2.7　环境保护与文明施工

在施工期，须对施工场地及施工驻地采取必要的环境保护措施，并遵守有关环境保护法律、法规，防止或者减少粉尘、废气、废水、固体废弃物、噪声、振动和施工照明对人和环境的危害和污染，将施工期间对环境产生的影响减小到最低限度。施工期环保措施包括施工场地硬化、控制扬尘、降低噪声、施工水土保持、处理排污等一切施工环保有关设施和作业。

2.7.1　一般规定

施工过程中应遵守国家和地方有关环境保护、控制环境污染的规定，采取必要的措施防止施工中的燃料、油、污水、废料和垃圾等有害物质对河流、湖泊、池塘和水库的污染，防止扬尘、汽油等物质对环境空气的污染，防止噪声对环境的污染，把施工对环境、空气和居民生活的影响减少到法规允许的范围内。施工区域应设置统一的隔离装置，保证不影响非施工区道路交通安全。在施工区域的明显处设置告示牌、注明施工项目名称、留存施工企业负责人、联系电话等，以备出现紧急情况及时沟通。施工如需临时占用道路、绿地、广场等场地，应在占用前向相关部门提出申请，明确占用的理由和时间，经有关部门批准后，承包方方可占用。承包方应在施工现场为占用的道路、绿地等设置隔离标志。占地的残土、建筑垃圾等，应随时清理，其他生产物资必须摆放整齐，不得破坏企业厂区的环境。任何因施工造成的环境污染，施工单位都有责任采取措施予以防治和消除，避免出现由于施工单位的过失、疏忽或者未及时按图纸规定做好永久性的环境保护工程而导致的需要另外采取环境保护措施的情况。施工前施工单位应制定施工期间环境保护措施，做到统筹规划、合理布置、综合治理、化害为利。

2.7.2　文物保护

施工时如发现文物古迹，不得移动或收藏，施工方应保护好现场，防止文物流

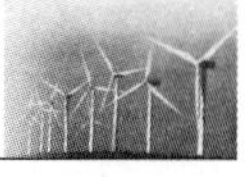

失，并暂时停止作业。土方工程以及其他需要借土、弃土时，对现有的或规划的保护文物遗址，施工方应采取避让的原则进行地点的选择。

2.7.3 防止水土流失

在施工期间应始终保持工地的良好排水状态，且不得引起淤积和冲刷。雨季填筑路堤应随挖、随运、随填、随压实，依次进行；每层表面应筑成适当的横坡，使其不积水。开挖或填筑的土质路基边坡应及时采取防护措施，减少对附近水域的污染。

2.7.4 防止和减轻水、大气受污染

（1）保护水质。施工废水、生活污水不得直接排入农田、耕地、灌溉渠和水库，不得排入饮用水源。施工期间，施工物料如油料、炸药等应严格管理。施工机械应防止严重漏油，禁止机械在运转中产生的油污水未经处理就直接排放或维修施工机械时油污水直接排放。

（2）控制扬尘。为减少施工作业产生的灰尘，应随时进行洒水或其他抑尘措施，使其不出现明显的降尘。

（3）减少噪声、废气污染。使用机械设备的工艺操作，要尽量减少噪声、废气等的污染。

2.7.5 保护绿色植被

应尽量保护施工用地范围之外现有的绿色植被。若因修建临时工程破坏了现有的绿色植被，应负责在拆除临时工程时予以恢复。施工期间工程破坏植被的面积应严格控制，除了不可避免的工程占地、砍伐以外，不应再发生其他形式的人为破坏。

2.7.6 土地资源的保护

妥善处理废土，山坡弃土应尽量避免破坏或掩埋路基下侧的林木、农田及其他工程设施。在多年的经济作物区或重要的绿化带，不得设置取土坑。对施工人员加强保护自然资源及野生动植物的教育，严禁偷猎和随意砍伐树木。

2.7.7 环境保护措施计划

在编报施工总布置设计文件的同时，必须编制施工区和生活区的环境保护措施计划。其内容包括：施工弃渣的利用和堆放；施工场地开挖的边坡保护和水土流失防治措施；防止饮用水污染措施；施工中的噪声、粉尘、废水等的治理措施；施工区和生活区的卫生设施以及粪便、垃圾的治理措施；完工后的场地清理。

2.7.8　环境污染的治理

施工企业应保护施工区和生活区的环境卫生，定时清除垃圾，并将其运至批准的地点。在现场和生活区设置足够的临时卫生设施，定期清扫处理。施工过程中严禁超越征地范围毁坏森林植被与林木花草。

2.7.9　场地清理

施工企业应在工程完工后的规定期限内，拆除施工临时设施，清除施工区和生活区及其附近的施工废弃物，并按环境保护措施计划完成环境恢复。

第3章 海上风电场安全建设管理

海上风电是在现有陆地风电基础上，针对海上环境进行适应性“海洋化”发展起来的。海上风电具有风力资源好、不占用土地资源和离负荷中心近的优势。在国家政策大力扶持下，我国海上风电行业持续快速发展，对优化能源结构、改善环境质量等发挥了重要作用。但海上风电开发难度大，技术门槛高，同时横跨电力工程和海洋工程，且受台风、风暴潮汐等海洋气象环境因素影响，具有建设难度大、运维困难、规模化接入难等难点，安全建设、安全运行和安全接入是海上风电发展的前提和保障。海上风电场在建设过程中，存在着火灾、爆炸、触电、海上交通伤害、高处坠落、物体打击、淹溺、中毒窒息、坍塌、起重伤害、机械伤害、噪声等危险因素及自然灾害带来的危害等，造成这些危害的因素就是海上风电场建设过程中安全生产管理的重点。

海上风电场安全生产管理的重点内容如图3-1所示。其中，HSE为健康（Health）、安全（Safety）和环境（Environment）管理系统的简称。

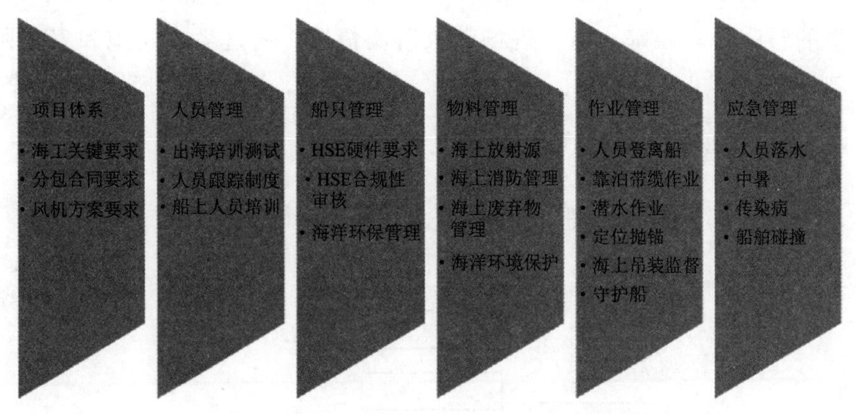

图3-1 海上风电场安全生产管理的重点内容

3.1 风电场安全生产组织机构

风电场安全生产管理的组织一般包括安全生产体系和安全环保管理部门。

3.1.1　安全生产体系

风电场建设过程中，项目现场应该建立安全生产体系，搭建沟通平台，构建安全隐患及时消除机制，即安全行政管理体系、安全技术支撑体系、安全生产实施体系和安全监督管理体系，如图3-2所示。

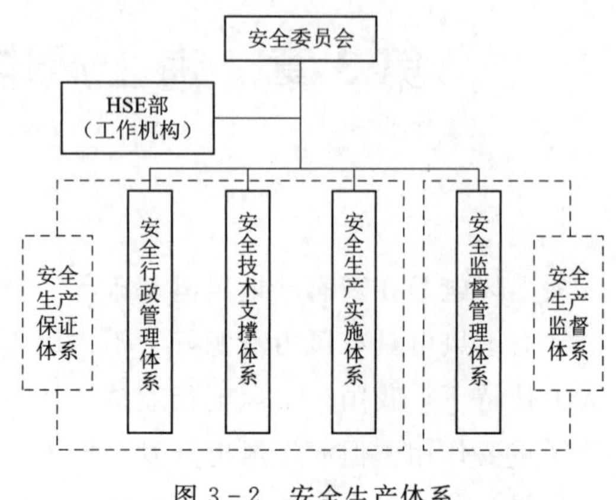

图3-2　安全生产体系

项目部可推行安全生产管理日志，将其作为实时沟通平台。由安全总监牵头编写项目安全生产管理日志，并于每日发送至项目部领导、各生产主管人员、安全生产管理人员、分包方主要负责人等，让相关人员实时知晓项目安全生产现状和管理动态，提高现场安全生产管理公开性和连贯性。

专（兼）职安全生产管理人员负责向安全总监提供安全生产管理日志素材与内容，主要包括当日施工现场安全巡查情况，特别是物的不安全状态、人的不安全行为以及管理不到位等方面。经安全总监审定的安全隐患，列入当日安全生产管理日志中的不符合项。在生产实施体系的保障下，各生产管理人员收到日志后，按日志中安全隐患的整改要求安排、督促工区整改；监督体系的专（兼）职安全生产管理人员在收到日志后，根据安全隐患的整改要求跟踪、监督现场整改落实情况。通过生产实施和安全监督两条线，确保现场安全隐患及时发现、及时消除、及时闭环，以此确保现场安全生产。

3.1.2　安全环保管理部门

安全环保管理部门架构如图3-3所示。

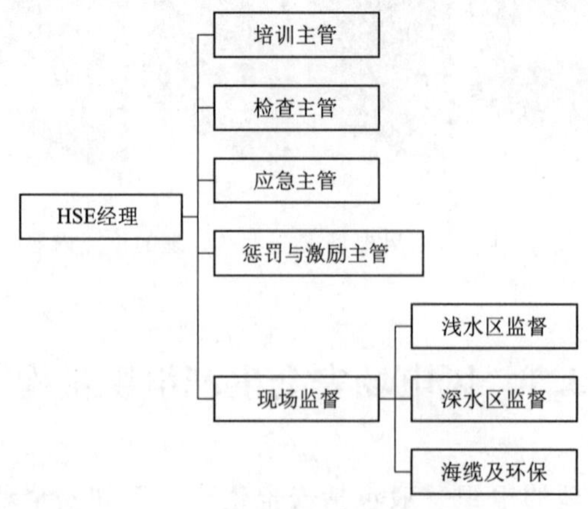

图3-3　安全环保管理部门架构

3.2 风电场设备

海上风电场主要包括风电机组、海缆、海上升压站三部分。我国已建海上风电场中采用过混凝土低桩承台基础、混凝土高桩承台基础、导管架承台基础、大直径单桩基础、负压筒基础等类型。各类型海上风电基础如图 3-4 所示。

(a) 混凝土低桩承台基础

(b) 混凝土高桩承台基础

(c) 导管架承台基础

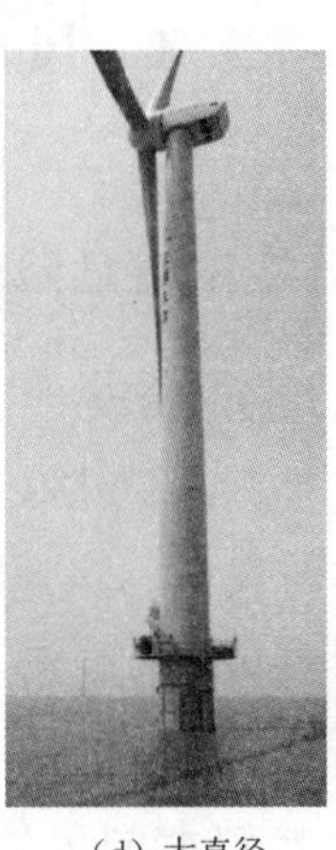
(d) 大直径单桩基础

(e) 负压筒基础

图 3-4 各类型海上风电基础

海上升压站建设主要包括陆上建造、海上升压站运输（图 3-5）、海上升压站吊装（图 3-6）等环节。

海缆敷设工艺流程包括：装缆运输→施工准备（牵引钢缆布放、扫海等）→始端登陆施工→海缆敷设（图 3-7）→终端登升压平台施工→海缆冲埋、固定→终端电气安装→测试验收。

图 3-5 海上升压站运输

图 3-6 海上升压站吊装

图 3-7 海缆敷设

海上风电工程建设中可能遇到的风险主要来自以下方面或作业活动：自然灾害，如强台风、热带气旋；冲刷、腐蚀对风电机组结构的危害；重、大件及大型设备的陆上与海上运输；风电机组基础、升压站、大型附属构件等结构物的焊接、组装；风电机组基础、海上升压站、风电机组部件的落驳、运输以及基础沉桩；风电机组部件的安装等高空作业；电气设备安装、调试与带电作业；夜间作业，特别是在上述所列危险因素的夜间作业；拖轮拖航及临时避风；海上食品卫生；处理 SF_6 等有毒气体泄漏。

3.3　风电场危险因素分析

3.3.1　自然条件及自然灾害危险因素分析

1. 风能资源及风灾危险性分析

若风能资源评估过程，测风塔代表性不强，对年平均风速、风功率密度、风频分布、可利用小时数、盛行风向、风速变化、湍流强度分析不合理，将导致风电机组振动、风电机组叶片部件机械磨损、经常性的风轮运行过程转速超过限定值导致的停机事故、风能资源不能满足风电场正常运行需求等。

对海上风电工程影响较大的风灾主要有台风、龙卷风、飓风、风暴潮等异常强风。若风电场风电机组塔架、海上升压站设计未充分考虑风电场风能资源及风荷载，结构设计不满足要求；设备制造使用的材料不满足要求；塔架、平台及基础施工质量达不到设计要求、各段连接螺栓松动；风电机组偏航系统故障、刹车机构失灵等，遇有台风、飓风等强风天气，容易发生风电机组及海上升压站晃动、倾覆、垮塌事故，风电机组叶片折断事故。台风移向陆地时，由于台风的强风和低气压的作用，使海水向海岸方向强力堆积，潮水猛涨，水浪排山倒海般向海岸压去。风暴潮能使沿海水位上升 5～6m，导致潮水漫溢，海堤溃决，冲毁风电场陆上集控中心的房屋等设施，造成人员伤亡和财产损失。强度较强的热带气旋，会给风电场带来极大破坏。风电机组叶片损坏、破坏等原因，不仅来自台风，还有可能来自台风中心剧烈的旋转增强、成倍增大的湍流强度和湍能，湍强值越大，对风轮的破坏性越强，对海上升压站也会造成一定的影响。

2. 地震危险因素辨识与分析

海上风电场工程若未充分考虑场址区域地震、断裂和褶皱、地形地貌及地基土等工程地质条件，未采用相应的桩基础，未进行相应的建筑抗震设计，可能会因结构强度降低以及基础塌陷、地震等事故，造成风电机组塔筒、海上升压站等倒塌、海底电缆断线、发电设备故障等事故。近海海底地震还会引起海啸，巨大的海浪波及风电场，摧倒风电机组塔架和海上升压站，甚至危及陆上集控中心，造成大面积洪涝灾害。

地震还会引起的次生灾害主要有：由震后火源失控引起火灾，特别风电机组、升

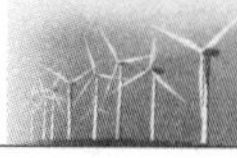

压站电气火灾；由海堤溃坝决口等引起海水倒灌；海水导电，带电电缆会造成海水带电，可造成人畜触电；海啸等不可估量的损失。

3. 雷电危险性分析

若风电场区的风电机组、海上升压站等防雷、避雷措施不合理，接地电阻不符合使用要求，风电场运营期间未定期进行防雷设施和接地网等检验检测等，会使风电场遭受雷击，从而造成风电机组损坏事故、海上升压站和陆上集控中心电气设备损坏事故、人员遭受雷击等事故。海上升压站主变压器散热器、油枕暴露于屏蔽室外，陆上集控中心的降压变压器、高压电抗器均为室外式，有遭受雷击引发海上升压站、陆上集控中心火灾爆炸事故的可能。

4. 潮湿危险性分析

海上升压站及风电机组布置在近海或深海区域处于潮湿环境中。潮湿对电气设备和金属结构危害严重，当空气相对湿度大于65%时，电气设备的表面会覆盖一层水膜，湿度越大，水膜越厚，当相对湿度接近100%时，水膜厚度可达几十微米，从而使电气设备的绝缘强度大大降低。另外，当相对湿度为80%～95%、温度为25～30℃时，易使霉菌滋生，从而腐蚀电气设备的金属部件和印制电路板等。相对湿度过低，会使塑料等绝缘材料变形、龟裂，可能导致防腐性能差的电缆和电气设备发生漏电事故。

5. 盐雾、大雾危险性分析

风电机组、海上升压站、陆上集控中心等主要电气设备防腐蚀措施不完善、未定期进行维护保养，绝缘子受到污秽或腐蚀，在空气湿度很高或在雨、雾等不利气候条件下，发生电气设备短路、盐雾、放电闪络事故，甚至导致大面积和长时间的停电事故。

海陆风把含有盐分的水汽吹向风电场风电机组及升压站设备，与设备元器件大面积接触，使设备受盐雾腐蚀的速度大大加快。盐雾给风电机组、升压站电气设备带来的主要危害有：在叶片静电的作用下，盐雾与空气中的其他颗粒物在叶片表面形成覆盖层，严重的影响叶片气动性能，且产生噪声污染和影响美观。

经过一系列的化学反应后，腐蚀性介质对建筑物、基础、构架等会造成损坏，使设备原有的强度降低，使风电机组承受最大载荷的塔筒能力大大降低，设备不能达到设计运行要求，给设备安全运行带来严重威胁。

盐雾与设备电器元件的金属物发生化学反应后使原有的载流面积减小，生成氧腐蚀（由小到大）。化合物使电气触点接触不良，它们将导致电气设备故障或毁坏。给风电场的安全运行造成大的影响。

位于近海区域的风电场，空气中 Na^+ 和 Cl^- 离子含量较大、空气潮湿，对风电机组、电气设备及其他设备具有较强的腐蚀性，潮湿的空气使电气仪表受影响、误动作，绝缘性能降低，带电体意外放电，造成短路等，很可能导致触电或产生电火花引起意外事故发生。

风电场雾日里，如果风电场区域边界、海底电缆等浮标移位、安全警示标识不足可能导致附近航道船只迷航、渔业作业船只误入，引发船只撞击平台塔架等事故发生。

在风电场有险情发生时，大雾天气会影响监测系统，进而影响救援行动。巡检驳船在检修、维护过程中起雾，返航时可能会出现迷航、撞击风电机组事故。

6. 腐蚀危险性分析

海水位受潮汐涨落控制明显，动态变化大。海水为微混浊的微咸水、咸水。海水对混凝土结构具 SO_4^{2-} 结晶性中等腐蚀性；对混凝土结构中钢筋在干湿交替的情况下具强腐蚀性，在长期浸水情况下具弱腐蚀性。

如风电机组、升压站基础及其他建构筑物设计时对混凝土结构中钢筋及钢结构未按耐久性要求采取防腐蚀措施，或未严格按照设计要求进行防腐施工，均可能降低地基基础的强度，严重时可能发生风力发电机组塔架、海上升压站等建（构）筑物倒塌的危险。

海水、盐雾、霉菌等腐蚀介质对风电机组基础、平台构架等会造成损坏，严重时可能发生风电机组、升压站倒塌的危险；使风电机组、升压站及其系统的电气仪表受损、动作失灵；使电缆和电气设备电缆绝缘损坏，造成短路，产生电花火导致事故发生，使风电机组、升压站接地系统的连接受损或失效，造成接地系统故障。海上升压站的防腐蚀最大的难题是直接放置于敞开环境下的设备，如主变压器的散热器，其具有很大的表面积，数量众多的薄片单元。变压器散热器腐蚀渗油、漏油，可能导致盐雾、水汽侵入，变压器油质变差，绝缘性能变差，易引发电气短路事故，漏油遇明火会导致燃烧事故甚至爆炸事故。

7. 海流危险性分析

风电机组基础易受到海流冲刷。海流对海上升压站、平台塔架基础的冲刷会引起基础振动或者不稳定。

3.3.2　主要建筑物危险因素分析

1. 海上升压站危险因素分析

如果海上升压站防雷设施不全，接地电阻过大，可能导致雷击事故。发电机、电气设备和供油设施可能发生下列几种火灾：固体表面火灾，即发电设备超温、油路泄漏、机内电路短路。电气火灾，即供电线路短路或其他原因的火灾引起电器设备着火。非水溶性可燃液体（柴油）火灾。供油系统的输油管路、容器泄漏或火灾时遭到破坏，油类流淌到地面，接触到高温烟气或明火而燃烧。成品轻柴油中，闪点低经常

成为产品质量不合格的重要原因。如果柴油质量不合格导致柴油机房火灾危险性升高或柴油机房消防设计不符合要求，可能引发柴油机房火灾并形成扩散扩大事故。

2. 风电机组基础危险因素分析

工程地质情况详勘或风电机组塔架基础地质条件勘测不清或失误，地基未按规范、标准的要求进行勘测，工程地质问题未查清；风电机组地基基础没有严格按照规范、标准的要求设计，风电机组塔架基础处理措施不足，承载、沉降、抗倾、抗浮、基础脱开等设计不到位和未充分考虑其工程地质条件，相关设计内容不全，荷载组合不当，以及计算结果不符合相关标准的要求，基础持力层选用不当或对持力层的力学参数分析不准确，地基承载力不足，持力层抗变形能力，抗剪强度不足；施工质量差；安全系数考虑不足；监理不到位；这些均可导致风电机组塔筒倾斜甚至倒塌，发生人员伤亡等事故。

此外，海水及地下水对钢结构具腐蚀性，如果基础未设计防腐措施，或防腐施工工艺及施工质量不符合设计要求，将严重影响基础的强度，遭遇超标准地震或不良气候条件时，可能导致风电机组塔架坍塌事故。

风电机组选型未按照风电场最大风速及湍流强等选型，塔架的荷载条件设计不合理，塔架制造和装配存在材料和质量缺陷；塔筒与基础环连接螺栓强度不符合要求，安装不满足标准，长期腐蚀导致塔筒与基础环连接不可靠；风电机组运行期未定期巡视和维护、未按气候条件进行事故预测和对策等，遭遇地震、强风天气、热带气旋等不良自然条件时，同样可能引发风电机组塔架坍塌事故。

3. 塔筒危险因素辨识分析

风电机组塔筒存在危险因素如下：

（1）垮塌。风电机组轮毂高度较高，由于塔架、塔筒本身设计缺陷，结构等级不达标，桩基设计强度不够，勘探失误，地质条件限制，存在施工质量问题等，经长期运行后，可能造成塔筒垮塌。

（2）起重伤害。塔筒施工及大修是难度最大的工程，整个施工及大修过程中需持续使用大型海上起重机械平台，如果指挥或操作失误，机械存有故障或缺陷，安全装置失灵、失效等，都会造成作业人员的起重伤害，设施设备毁损。

（3）物体打击。施工过程中，存在装卸作业，起重机因指挥不当、配合失误，旋臂在旋转过程、吊物在起升过程中有造成物体打击事故的可能。

（4）高处坠落。检修现场防护设施不到位，检修过程中都会存在高处坠落的危险。

（5）触电。塔筒的线路、电气受潮绝缘失效、老化，检修人员经过时可能发生触电危险。

（6）雷击。塔筒是高耸构筑物，风电机组轮毂高度较高，如果防雷措施不当或设

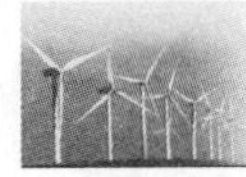

施损坏，会造成雷击事故。

(7) 波浪局部冲刷。风电机组基础受不规则波浪的冲击会引起基础振动或者不稳定。若设计采取的波浪参数未考虑波浪破碎值，基础的荷载设计有误会影响其稳定及安全，以及船舶的靠泊安全。

4. 集电线路危险因素辨识分析

海底电缆埋于海底，远距离输送并在登陆点登陆过海堤，海底电缆受潮水冲刷、渔船触底、施工机械等因素影响，可能会造成海底电缆破损，进而导致漏电、触电、大面积停电等事故。

电缆的终端头和中间接头是电缆绝缘的薄弱环节。电缆因接头盒密封不良，水、潮气进入或灌注的绝缘剂不符合要求，内部留有气孔，均可使绝缘强度降低，导致绝缘击穿短路。

在电缆施工完成后，没有设置相关的标志，没有及时将实际敷设路由向国家海洋管理部门申报，没有对船只、人员加以警示，渔船违规捕捞、船只抛锚等会导致电缆受外力损坏。

3.3.3　物质的危险因素辨识与分析

海上风电场工程在生产过程中涉及的物质主要有六氟化硫（SF_6）、柴油（主要为巡检用船使用）、变压器油及液压油等。

1. 六氟化硫（SF_6）

纯净的六氟化硫（SF_6）是无毒的，泄漏后因其比空气重不易挥发致使该区域缺氧。六氟化硫气体生产时本身可能存在多种有毒气体；六氟化硫（SF_6）气体在电气设备中经电晕、火花及电弧放电作用，还会产生多种有毒、腐蚀性气体及固体分解产物。这些气体主要有氟化亚硫酰（SOF_2）、氟化硫酰（SO_2F_2）、四氟化硫（SF_4）、四氟化硫酰（SOF_4）、二氧化硫（SO_2）、十氟化二硫（S_2F_{10}）、一氧十氟化二硫（$S_2F_{10}O$）等；固体分解产物主要有氟化铜（CuF_2）、二氟二甲基硅［$Si(CH_3)_2F_2$］、三氟化铝（AlF_3）粉末等。高压开关电气设备中的六氟化硫（SF_6）气体及其在电弧作用下分解形成有毒性的低氟化合物，在密封不严或设备大修解体时，容易被释放出来，从而对现场的运行人员或检修人员健康产生危害；六氟化硫（SF_6）新气由于在制造过程中含有各种杂质，可能混有一些有毒物质，若出厂检验、现场把关不严，有毒物质可能会对人体产生危害。

2. 柴油

柴油最重要的性能是着火性和流动性，具有易燃、易爆、易产生静电、易受热沸腾、易受热膨胀突溢、易蒸发等特性，与氧化剂接触，有引起燃烧爆炸的危险，属于第 3 类易燃液体。

柴油易燃，闪点大于55℃，按照《建筑设计防火规范》（GB 50016—2014）对生产储存物品的火灾危险性分类，柴油属于乙类，与氧化剂接触，有引起燃烧爆炸的危险。其自燃点为350℃，燃烧后热值很高，一旦发生火灾会使油料大量汽化，从而使火势迅速扩大，难以扑灭。因此，在使用中必须采用合理的防火和防爆措施，以确保使用安全。

3. 变压器油

变压器油是石油的一种分馏产物，它的主要成分是烷烃、环烷族饱和烃、芳香族不饱和烃等化合物，俗称方棚油，浅黄色透明液体，相对密度0.895，凝固点小于－45℃，闪点不小于135℃。变压器油在300～800℃热分解时产生大量甲烷、乙烯等轻烃类气体。变压器油在电弧作用下产生的气体大部分是氢和乙炔，也有少量甲烷和乙烯。如变压器内有金属放电，固体绝缘或油的热分解存在时，则变压器油中就有气体逸出或溶解于油中，同时油的闪点降低。为此，运行中应通过气体继电器对逸出气体进行监视。

4. 液压油

抗磨液压油外观微黄透明，闪点210℃，具有优良的氧化安定性，优良的极压抗磨性能，适用于各类工业机械，工程机械，船舶，车辆的低、中、高压液压循环系统的润滑。抗磨液压油适用于风电机组风轮，以及在极端苛刻工作条件下要求采用超高性能液压油，以达到最佳保护效果的各种高液压系统。注意事项：禁止水、化学品和杂质混入，防止与其他油品混用。油品应存放在干燥通风处。

3.3.4　施工过程危险因素分析

风电机组体积大、重量大，一些大部件重量达数吨，甚至数十吨，必须借助相关机械设备。风电场施工作业现场分布广，高空吊装施工作业多，且施工作业主要依靠驳船，施工时间主要根据潮水位的涨落决定，具有施工环境复杂、工期长的特点。

风电机组安装在近百米高的塔筒顶部，因此安装过程中存在很多潜在危险因素，主要包括：①安装人员高空作业，需要克服恐高心理障碍；②受塔筒刚度的限制，风电机组整体存在一定程度的摇晃，塔上工作人员很难站稳，增加了安全事故发生的可能；③在海上作业时，船体的晃动对风电机组的起吊或安装对接有很大影响，可能会对操作人员、指挥人员和设备造成伤害和破坏，特别是舱外工作的人员，若被风吹倒或不慎滑倒，可能直接导致人员伤亡事故。

海上施工的主要潜在危害因素有吊具失效、驳船失稳、海况恶劣、超负荷使用吊具、吊物晃动并在旋转过程中吊物碰撞其他物件、高空物体坠落、人员落水、不同水深区域的危险以及作业人员的配合不协调等，均可能导致人员伤亡与设备受损的事故。

施工现场还存在着海上交通伤害、火灾、高处坠落、物体打击、起重伤害、机械伤害、坍塌、淹溺、电伤害等危险因素和噪声、烟尘、光辐射等有害因素。

1. 海上交通运输危险性分析

风电场工程设备材料的运输要求及难度同陆上风电场工程存在着较大差异。风电场施工所需的物资、设备、设施、钢管桩等均采用海运运输到现场，风电机组设备及常规施工物资经陆运至工程临时码头后采用船运至施工现场，存在船舶碰撞等危险。

风电机组、海上升压站的单桩基础、导管架基础大部分在风电场周边区域内的大型钢结构工厂进行制作，并采用甲板运输驳船运输。而此类船舶因吃水较浅，抗风浪等级相对较弱，同时需要拖轮等辅助动力船舶进行航行，应通过合理的施工组织保证钢构件设备的运输工作。

驳船运输存在的主要危险有驳船失稳、物资落入海中、海况恶劣、拖缆断裂、锚缆抛锚点与风电机组基础距离较近导致船只与风电机组基础发生摩擦碰撞等，会导致运输船只失控、风电机组基础损坏。

驳船进入施工区域，过往船舶影响施工安全、锚缆断丝超标、锚机故障、浮筒开焊漏水、非工作人员逗留在作业区、人员系缆过程中落水、绞缆时断缆、抛锚破坏海底管线、缆绳过细、系缆位置选择不当等，以上危害因素导致的事故主要为给自身与周边船只的正常行驶带来隐患。与已安装的风电机组基础、升压站基础等距离较近导致船只与这些基础发生摩擦碰撞等，会导致运输船只失控、基础损坏。

船舶的技术状况如不符合国家规定，安全装置不完善、不可靠，可能船舶故障不能按计划航行，船舶管理不到位，未对船舶定期进行检修维护，船舶带病作业；未及时了解海洋气象预告，在恶劣的海况条件下出海；以上情况均可能导致运输船只失控甚至沉船事故。

拖船拖驳船的过程中存在驳船倾斜、翻船、搁浅以及施工定位失准；驾驶员未持证上岗，船舶人员未遵守作业规程时，会造成拖船与驳船相撞击事故。风电机组、升压站基础施工时的驳船和安装时的驳船选型不合理，可能存在船倾斜、翻船的危险。

在施工完成后，对电缆区设置的相关标志不完善，并未及时将实际敷设路由向国家海洋管理部门申报，可能会出现影响电缆正常使用的各种人为活动，如打桩、抛锚等。施工期间如果未制定施工船舶与通航船舶防撞击风电机组基础的措施，可能出现船只撞击风电机组基础的事故发生。

如未制定施工期间的交通控制措施，划定施工水域范围，发布航行通告；未加强对航道及附近水域交通的组织协调工作，可能出现非施工船只驶入施工水域范围扰乱施工过程。

对于海上施工，如未禁止非工作人员上船进入工作区，可能出现由于非工作人员的不安全行为而造成的施工中断或非工作人员、施工人员的人身伤害等情况。

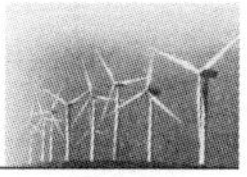

施工期间如果未严格执行施工程序中对于不同海况条件下的作业要求，没有及时预测潮汐变化情况并通知施工人员，现场施工人员未穿救生衣等都有可能造成淹溺事故；施工前如果未制定应急预案，或应急预案未和当地、海上救援机构相衔接，可能造成救援滞后、混乱，造成扩大事故；同时对于海上运输时，若防侵蚀工作不完善，导致法兰等物体被海水侵蚀，有可能会带来因物体缺陷引发的次生安全事故。

2. 火灾危险性分析

施工中的金属切割、焊接作业可能使用工业气、乙炔气和氧气，这些工业气体都是高压瓶装，易泄漏发生火灾、爆炸。风电场工程钢管架等加工是在生产基地进行加工，施工现场切割、焊接作业很少，但对甲板运输驳船运输、综合起重机械等油系统火灾应予以关注。

3. 电气伤害危险性分析

甲板运输驳船运输、综合起重机械及施工现场存在临时用电线，由于作业现场环境和场所潮湿、腐蚀性大，如果电源线敷设不规范，随意性较大，保护层损坏，且运转设备多，运转负荷不稳定，易引起触电事故。

施工现场临时码头存在着起重设备、其他用电设备。由于这些设备多为露天放置，容易发生故障，主要表现在电气绝缘层容易磨损；电气负荷容易超载；线路短路；接头压接不紧密，线路电流过大，会发生漏电触电事故，严重者会发生重大起重伤害事故。

4. 起重伤害、机械伤害危险性分析

风电场工程吊装作业的特点是起重部件大、吊程高，高空作业受限。海上作业受天气、海况影响，施工环境恶劣。吊装中的违章操作，指挥人员指挥混乱，使用不合格吊具，起重设备有缺陷，吊索具系挂不牢固，起重操作人员无专业培训，保护措施不当，大风作业，器械脱落等更容易引发起重伤害事故，因此必须高度重视起重安装过程。

可能发生起重伤害的因素有：

（1）重物坠落。吊具或吊装容器损坏、物件捆绑不牢、挂钩不当、起升机构的零件故障（特别是制动器失灵、钢丝绳断裂）等都会引发重物坠落。

（2）起重机失稳倾翻。若在涨潮时进行起重作业，船身不稳会导致起重伤害。主吊设备型号的选择不合理匹配，强行起吊，也会发生事故。

（3）挤压。起重机轨道两侧缺乏良好的安全通道或与建筑结构之间缺少足够的安全距离，使运行或回转的金属结构机体对人员造成夹挤伤害；运行机构的操作失误或制动器失灵引起溜车，造成碾压伤害等。

（4）高处跌落。人员在距离地面大于 2m 的高度利用起重机的进行安装、拆卸、检查、维修或操作等作业时，从高处跌落造成的伤害。

（5）触电。起重机控制装置感应带电、绝缘不良或触碰带电物体，都可以引发触电伤害。

（6）机械伤害。风电场工程在施工过程中要用到大量的机械设备，如果使用方法不当、防护不到位，易引发机械伤害。工程中选用的起重机型式与风电机组安装所需机型不相匹配，可能导致起重机械不能安全有效的工作，还可能损毁风电机组部件。

5. 高处坠落、物体打击危险性分析

风电机组、升压站单桩基础、导管桩基础吊装，风电机组分体安装、升压站本体整体吊装，均存在高处作业。高空作业存在的潜在危害因素有高空坠落、大风吹落、器械脱落等潜在的危害因素。

施工过程中登高作业时，若作业人员未按规定系挂安全带等防护工作不到位，严重违反了高处作业安全技术规定，易发生高处坠落事故；风电机组、升压站安装涉及高处作业和多层平台交叉作业，若作业现场防护设施不足，作业人员防护不到位，严重违反高处作业安全技术规定，也易发生高处坠落事故。由于立体交叉作业，上面作业人员失误掉落工具、零件等可引起物体坠落打击和砸伤。若指挥不当、方案不周或违反操作规程时，易发生物体打击事故。

6. 坍塌危险性分析

风电机组单桩基础和升压站导管桩基础吊装作业，风电机组分体安装和升压站本体整体吊装作业均需提升物件至安装高度，如果固定连接不良，受力不均衡，突然遭遇强风，在船舶上配置的履带式起重机固定不良，海上风电专用自升式船舶桩腿与土体之间不牢固不稳定，将无法为海上作业提供一个平稳工作平台，可能发生设备倾斜甚至坍塌。

7. 淹溺危险性分析

施工期间遭遇强降雨或潮汐等引发潮位高涨；施工机械船只状况不良、施工人员下海游泳、落水等均可能导致施工期间淹溺事故发生。施工过程中突发的外来碰撞或风浪作用可能引起船舶大量漏水或沉船，导致淹溺事故。

3.3.5　重大危险源辨识

1. 柴油

工程运行期小吨位巡检船、柴油发电机组使用柴油，现场只有小量储存。根据《危险化学品重大危险源辨识》规定：柴油的临界量为5000t。小吨位巡检船、柴油发电机组用油量按一次补加储存量50t计，远远小于其临界量5000t，不构成重大危险源。

2. 其他

工程在运行过程中不使用高温高压设备，不使用易燃易爆危险化学品。仅使用少

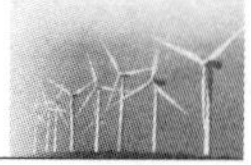

量润滑油、脂、液压油、变压器油，均不属于危险化学品重大危险源物质，根据《危险化学品重大危险源辨识》（GB 18218—2018）标准辨识，风电场工程一般无标准界定的重大危险源。

根据对风电场工程的危险和有害因素分析可知，海上风电场在施工、运行过程中存在着火灾、爆炸、触电、海上交通伤害、高处坠落、物体打击、淹溺、中毒窒息、坍塌、起重伤害、机械伤害、噪声等危险危害因素及自然灾害带来的危害等。事故后果主要是造成人员伤亡、设备损失等。其中，火灾、触电、海上交通伤害、高处坠落、坍塌、中毒窒息、淹溺是风电场安全生产管理中防范的重点因素。

3.3.6 职业健康

海上风电项目往往距离码头5～6小时路程，施工高峰期存在长时间生活在船上的情况，物质条件、自然环境、生活习惯及工作需要各方面因素叠加，导致职业病和其他疾病发作。医学研究发现，海上生活和陆地生活会使人的心率等产生强烈变化。因此，心血管疾病是海上作业导致的常见职业疾病之一。海上生活环境较枯燥单一，与外界的沟通联系受限，工作人员的心理健康也是职业病管理的重点之一。

执行海上风电项目工作人员可能涉及的疾病及诱因见表3-1。

表3-1 执行海上风电项目工作人员可能涉及的疾病及诱因

序号	疾　病	诱　因
1	高血压等心血管疾病	饮食单一、气候潮湿、精神压力大等
2	静脉曲张	长期站立
3	消化性溃疡	饮食单一、淡水污染、精神压力大等
4	慢性支气管炎等呼吸道疾病	海上气候潮湿、生活单一、长期吸烟
5	急性肝炎	淡水污染、生活单一、长期酗酒
6	白内障	海上紫外线强烈、色调单一
7	自闭症、焦虑症等心理疾病	海上生活区域封闭
8	耳鸣等听觉器官疾病	施工噪音、海浪声
9	不孕不育	雷达微波辐射
10	口腔疾病	海上生活食物摄入单一、维生素摄入不足

3.4 风电场施工现场临时用电安全管理

风电场施工现场临时用电安全管理的要求是：临时用电配电系统、配电箱、开关柜等应按照相关规定设置，并经验收合格后方可投入使用。临时用电设备在5台及以上或总容量在50kW及以上，按规定编制专项用电方案。变压器、配电箱等应设置醒目的警示标识。定期进行临时用电安全检查。

3.5　风电场施工安全作业基础管理

以作业许可为核心，从劳保用品、作业环境、操作注意事项、设备检查、人员资质等方面实施海上风电场施工安全作业基础管理。

3.5.1　海上作业人员安全管理措施

对登船出海人员进行危险源告知，实施施工人员登船出海上下船登记制度。在乘坐的交通船上播放各类安全警示、教育电影，在船上张贴《在船人员安全管理规定》及各类安全警示标识，以提升所有出海人员的安全意识。

海上作业单位在作业前，应对作业人员进行与本岗位相适应的、专门的安全技术理论和实际操作训练，为作业人员配备必要的安全救生防护设备、办理人身意外伤害保险，并保证作业人员具备必要的海上安全知识，熟悉海上航行的有关安全制度，掌握本岗位的安全操作技能。

海上作业期间，应设安全员，负责海上作业的安全监督管理，定时对海上安全作业情况进行登记，并及时向上级汇报。出海作业人员应当建立人员管理档案，记录出海、返回时间和记录，同时出海作业人员应当配备 GPS 定位系统。

施工船舶船员的配置，应满足以下要求：所有的施工船舶，包括打桩、起重船、驳船、交通船、运输船等，都应持有船检部门签发的有效适航证书，适航证书应与规定适航水域和施工现场水域相符合；禁止使用内河船舶作为施工船；施工船舶应按《中华人民共和国船舶最低安全配员规则》配备足以保证船舶安全的合格船员；船长、轮机长、驾驶员、轮机员等必须持有合格的适任证书，且没有吸毒酗酒等不良习惯；各船船长必须熟悉当地施工水域的季节性风向、水流、潮汐变化情况，具备应急处置能力。

3.5.2　海上作业船舶安全管理措施

海上作业单位要根据任务的要求，选定船况良好、船舶证书、船舶技术证书、船员证书齐全并在检验有效期内的作业船舶。海上作业租赁船舶应签订“租船协议书”，明确双方的责任和义务，并按规定到有关部门办理相关手续后，方可实施海上作业。海上作业船舶应配备防火、救生、卫星定位和高频通信等设备；航前应储备必要的食品、淡水以及燃油等物资，以确保船舶在作业区有足够的续航能力。

所有船舶进场前，必须进行入场前安全检查。检查项目为：①救生器材：救生筏，救生圈，应急备用救生衣，信号灯等；②消防器材：消防灭火器，消防砂，消防

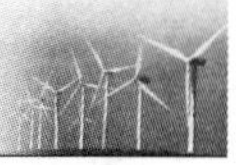

泵，消防水带等；③垃圾桶的配备要符合环保要求，垃圾进行分类存放，要和有资质的单位签订日常生活垃圾和废油污回收协议，保留回收凭证，以备有关部门检查。

3.5.3 海上作业安全管理措施

海上作业应保证两人以上参加，严禁一人单独海上作业或船舶超员作业。出航前，海上作业单位应根据任务要求，确定海上作业人数，向本单位安全主管部门报送“海上作业实施方案”。“海上作业实施方案”应包含工作计划、作业人员名单、必要的安全保障措施和应急处置预案。

海上作业期间，甲板上应至少保证两名工作人员。作业人员不准在拉紧的缆索、锚链附近及起重物下停留；不准坐在船舷、栏杆、链索上；在高空或舷外作业时，要系好安全带。航行或风浪大时，无特殊情况，禁止进行高空及舷外作业。

海上定点作业期间，应督促船方白天悬挂作业标志，夜间开启锚泊灯，并加强值班，注意瞭望观察，按规定时间测船位，防止走锚、碰撞等事故发生。海上作业期间，要确保岸船间、船舶间及船上指挥员和值班驾驶员间的通信联络畅通。多船作业时，应设指挥船。

海上作业负责人要及时了解掌握作业海区气象和海况，在恶劣天气和海况差的情况下，禁止出海作业，正在海上作业的船舶要采取应急避险措施。当遇到台风、大风、寒潮等恶劣天气，施工船舶需进港避风，项目部需提前1天与当地海事指挥中心联系、报告，并将需进港避风船舶计划报海事指挥中心，服从海事指挥中心统一安排。船舶拖带时要做好值班、瞭望、守护工作，及时与来往船舶取得联系，做好避让措施，确保航行安全。

在海上施工平台上必须安装临边防护栏杆，悬挂救生圈，完成的钢管桩上、承台上必须安装安全警示灯。单桩沉桩完成后安装软梯便于日常安全检查。

3.5.4 临时避风安全防护措施

海上风电场施工现场面临开阔海域，常年受季风、台风影响，对船舶施工安全构成较大的威胁。因此，施工中必须慎重考虑船舶安全作业条件，做好防风、防浪措施。根据海上工程施工经验与船只操作的安全性要求，预报风力超过8级，船舶则须选择锚地避风；风力小于8级，船舶可选择工程海域周边的天然沟槽区域抛锚避风。

气象部门发布暴雨、台风警报后，有关单位应随时注意收听台风动向广播，告知相关负责人。

风电场建设单位应及时收集天气预报资料，若有大风浪、雾等恶劣天气来临，需制定相应的应急措施，强风来袭时，若有条件避风，应选择避风锚地抛锚避风，若无条件避风，可根据当时情况采取滞航、漂航等措施。

台风接近本地区之前，应采取以下预防措施：施工船舶马上撤点至避风港避风，沉锚；关闭门窗，如有特别防范设备，应及时安装，井架、外架上绑扎防护物并与建筑物拉接牢固；重要文件及物品放置于安全地点；放在室外不堪淋雨的物品，应搬进室内或加以适当遮盖；准备手电筒、蜡烛、油灯等照明物品及雨衣、雨鞋等雨具；门窗有损坏应紧急修缮，并加固房屋天面及危墙；指定必要人员集中待命，准备抢救灾情。

3.5.5　夜间作业安全防护措施

海上施工受天气、海况影响较大，部分良好的施工作业窗口期，存在夜间施工的情况。但由于夜间视线较差，安全隐患较白天要大得多，应采取有效措施予以防护。白天进行的施工项目应尽量避免改为夜间施工。如有必要需夜间开工，应有足够的照明，确保施工安全（图3-8）；若照明不足的情况下，严禁施工。此外，夜间施工还应注意加强警戒灯光，检查海上风电场航标及AIS航标设施，不得对过往船舶造成安全影响；预防人员落水等情况的出现。

图3-8　海上夜间作业

3.5.6　风电机组基础构件落驳、运输安全防护注意事项

1. 落驳安全防护注意事项

落驳时，应派专职质量员负责对出厂的桩基进行现场验收，并严格按落驳图落驳。

起吊装船过程必须有责任人负责总体指挥，起吊前进行现场清查，并对起吊设备及吊具、施工设备等进行状况检查，完全处于良好工作状态下方可进行起重作业。由现场总指挥发起吊令，起吊过程中任何人员及设备均不得逗留于重物下方。

对风电机组基础钢管桩、集成式附属构件等的吊点应根据吊装工况进行结构复核并考虑一定的安全系数；对相应吊具、吊装带在操作前应进行检查，必须满足动态吊装时的承载能力。对钢管桩的装船，运输船或驳船上应设置半圆形专用支架，支架与钢桩的接触面上铺橡胶垫层，并确保每根桩的垫木顶面基本保持在同一平面上，装船后应按紧固要求进行紧固。

2. 运输安全防护注意事项

应当熟悉和遵守各种航海规章制度，熟悉与工程有关的海域海况并严格遵守有关规定。海上运输作业前承包商应提交详细、完备的航线资料，包括：船舶出港许可

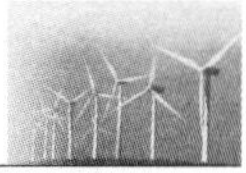

证，钢管桩、附属构件等拖航期间潮位、波浪、海流变化和风力、风向的预报等。施工作业前应制定航海作业及备用应急方案的详细说明资料。各方应有可靠的无线电系统作为相互之间联络的通信系统。各运输、施工船舶船长应每隔一定时间就收听权威的气象部门发布的天气预报，及时掌握天气的变化。驳船应有足够的装载能力、结构强度、完整性和稳定性，在装船作业期间，对于荷载变化和潮位变化应有足够的调节能力，以保证装船、运输作业安全、可靠。运输船舶系泊方案应可靠，保证在整个装船作业期间不发生问题。

拖轮应具有足够的马力（系缆柱牵引力），以保证拖航在不利海况、逆流和限定的海域、航道中拖轮能够正常操作和保持正常的航速。拖轮上应装备适用的绞车及必要的无线电设备、航海和灯光信号设备，以保证拖航的安全。风电机组基础构件落驳完毕后，由拖轮拖运至施工现场。装运风电机组基础构件的驳船长度和稳定性应满足施工要求。驳船上设置专用支架，支架上垫橡胶垫层等软质材料。

3. 水上运输

施工船舶应配备可靠的通信设备，确保联络畅通。与当地海事、气象等部门建立联系，及时获取最新的气象、水文、航行通告等信息，以便合理调度船舶开展海上施工作业。遇大风、大潮等恶劣海况时应在甲板设专人监护，防止船上人员或物资落入海中。

风电机组各部件在驳船运输时，应尽量使受力点布置在驳船甲板纵梁和横梁等强结构上；风电机组大件质量大，与甲板接触面较小，应力集中明显，因此在计算甲板承载能力时应有较大的裕度，否则需要考虑分散支撑点、扩大受力面积等措施，并且适当从舱内加强甲板。

运输风电机组部件，绑扎加固尤其重要，各部件装载形式虽有不同，但宜以硬加固为主，主要包括：钢材焊接加固、顶推、支撑、压紧、反扣等，并辅以软加固结合，如利用钢丝绳、松紧器等加固，除每件设备本身加固外，必要时设备之间也要进行加固，以免货物移动、相互碰撞而发生损伤，尤其像钢管桩等容易滚动的大件更要加强加固。风电机组叶片、轮毂或其组合体运输时，应用支架支撑并固定牢固，保证叶片和轮毂在运输过程中不被损坏，对于风轮的薄弱部位，在运输过程中应加以保护。

装在两船舷的货物，要保持重量基本相当，避免船舶发生倾斜，以保证船舶平衡和航行安全。驳船运载机舱、张开的叶片、整机等货物时因其受风面积大，要充分计算不同风、浪组合作用下驳船的稳定性，叶片在运输中置于锁机状态，在驳船掉头、运输、靠泊时要合理利用风、水流条件，正确使用拖轮，确保安全。

海上升压站，特别是上部组块在驳船运输时，应尽量使受力点布置在驳船甲板纵梁和横梁等强结构上；上部组块质量大，与甲板接触面较小，应力集中明显，因此在计算甲板承载能力时应有较大的裕度，否则需要考虑分散支撑点、扩大受力面积等措施，并且适当从舱内加强甲板。上部组块在运输时，需采用有效措施防止上部组块上设备的倾倒或损坏。应在提交的施工措施计划中，根据海上升压站的桩基础、上部组块结构和导管架结构的运输条件，制定详细的运输措施，其内容包括采用的吊装、运输设备，大件运输方法以及导管架的加固措施等。

集成式附属结构由于重心高、重量重，并且海上吊装对集成式附属结构的椭圆度具有一定的要求，因此需要在陆上进行试吊，并根据集成式附属结构的大小和构件排布方式订做相应的工装，并制定详细的运输计划，包括采用的吊装、运输设备和加固措施等。在运输过程中，应尽量使受力点布置在驳船甲板纵梁和横梁等强结构上。在计算甲板承载力时应有较大的裕度，如有必要应从舱内加强甲板，还需要采取有效措施防止附属结构的倾倒、损坏或者变形。

3.6　风电场施工危险作业及危大工程安全管理

3.6.1　风电机组安装

风电机组安装是所有风电场施工过程中的主要危险源因素，属于风电场建设过程中的危险性较大的分部分项工程。由于风电机组设备安装高度高、设备重，起重设备出现故障或结构破损，可能带来严重的人员伤亡和设备损坏事故。另外安装过程中环境条件复杂，如地基出现沉降、大风、雷暴等外部因素也可能带来安全事故。对此，针对风电机组吊装作业，应采取以下保障措施：

（1）风电机组安装准备工作。施工企业应当获得施工许可证，然后应向建设单位提交安全措施、组织措施、技术措施，经审查批准后方可开始施工。现场应成立安全监察机构，并设安全监督员。风电机组安装场地、船舶甲板面积等应满足吊装需要，并应有足够的零部件存放场地。

（2）施工现场的临时用电应采取可靠的安全措施。施工现场应根据需要设置警示性标牌、围栏等安全设施。安装现场应配备常用的医药用品。安装现场应配备对讲机。

（3）风电机组安装前应完成风电机组基础验收，并清理风电机组基础。吊装前应认真检查吊船各零部件，正确选择吊具，该吊船和吊具需要有关检测机构安全性测试合格证明。吊前应认真检查风电机组设备，防止物品坠落。吊装现场必须设专人指挥。指挥必须有安装工作经验，执行规定的指挥手势和信号。

（4）起重机械操作人员在吊装过程中负有重要责任。吊装前，吊装指挥和起重机机械操作人员要共同制定吊装方案。吊装指挥应向起重机械操作人员交代清楚工作任务。遇有大雾、雷雨天、照明不足，指挥人员看不清工作地点，或起重驾驶员看不见

指挥人员时，不得进行起重工作。在起吊过程中，不得调整吊具，不得在吊臂工作范围内停留。塔上协助安装指挥及工作人员不得将头和手伸出塔筒之外。机舱、叶片、轮毂起吊风速不能超过安全起吊限值。安全起吊风速大小应根据风电机组设备安装技术要求确定。

(5) 进入施工现场的所有工作人员必须戴安全帽，海上作业必须穿救生衣，高空作业必须系好安全带。高空作业人员应佩戴工具袋，工具应放在工具袋中不得放在钢梁或易失落的地方，所有手动（如手锤、扳手、撬棍）应穿上绳子套在安全带或手腕上，防止失落伤及他人。

(6) 钢结构是良好导电体，四周应良好接地，施工用的电源线必须是胶皮电缆线，所有电动设备应安装漏电保护开关，严格遵守安全用电操作规程。

(7) 高空作业人员严禁带病作业、酒后作业，并做好防暑降温工作。夜间吊装必须保证足够的照明，构件不得悬空过夜。禁止在台风天气期间和6级以上的大风以及暴雨、打雷、大雾等恶劣天气进行露天高空作业。

3.6.2 钢管桩吊装

桩基础是海上风电机组的重要组成部分，柱基础施工过程中涉及吊装，是风电场建设过程中的一项危险性较大的分部分项工程，是风电场建设过程中的安全管理重点。

钢管桩到达施工现场经项目部验收合格后，监理方应对其进行现场验收，验收合格后进行吊桩、沉桩。施工单位应根据施工图纸规定的桩位、桩型、桩径、桩长，地质条件和持力层埋藏深度，选择合适的沉桩施工船机设备（包括打桩、锤击和压桩等设备），沉桩施工方案、施工计划等需得到业主、监理单位批准后方可执行；沉桩作业时桩锤应保证打桩所要求的贯入度，为保证顺利打桩，施工现场一般应有备用锤及完整的配件；沉桩设备就位后应稳固，确保施工中不发生倾斜、移动；应在桩架或桩上设置用于施工中观测深度和斜度的装置；严格禁止在现场进行接桩。

基础应进行可靠接地，桩基与上部接地构件的连接应进行可靠焊接。吊桩时确保吊钩和钢丝绳轻放至桩上，避免对桩身防腐涂层产生冲击和磨损。桩离开桩驳的瞬间要迅速，不能拖桩、碰桩。采用以GPS定位为主，外加红外测距仪量测桩相对间距的测量控制方案，立桩前必须测量水深情况，防止桩尖触及泥面。船舶坐滩施工时，应注意船身方向与潮流方向之间的关系；坐滩后，应严密关注船底的冲刷淘蚀情况，确保施工安全，并应提前制定相应的应急预案。

3.6.3 钢管桩沉桩

钢管桩沉桩是海上风电场建设过程中的一项危险性较大的分部分项工程。沉桩过程中，易发生溜桩、穿刺等，是海上风电场建设中的安全管理重点。

1. 安全隐患

（1）溜桩。溜桩往往发生突然，若溜桩长度大、桩基下沉速度过快，将导致桩锤带动钢丝绳快速下沉，极易扯断钢丝绳，产生脱锤；对大直径单桩基础，桩帽与桩之间间隙较小，溜桩长度过大时，钢管桩无法脱锤，钢丝绳牵引施工船舶整体倾覆，易造成重大安全事故。

（2）穿刺。场区中上部地基土结构存在薄软土层、呈互层状砂性土与黏性土现象，力学性能较差，在沉桩过程中，受桩体自重、锤击振动等因素影响，在这些土层中存在发生溜桩或穿刺的可能性。施工过程中应注意各土层中软弱土夹薄层、互层状饱和砂性土与黏性土中透镜体的存在。

2. 安全防护注意事项

沉桩时溜桩、穿刺的发生与贯入土层的性状（重塑强度）、桩（锤）自重、沉桩工艺、锤击力、施工间歇等多因素相关。为避免此类风险，施工过程中，应做好以下安全防护：

（1）锤击沉桩时，密切注意桩与桩架及替打的工作情况，避免偏心锤击。潮流过急、风浪及涌浪过大时暂停沉桩。打桩船进退作业时，注意锚缆位置，避免缆绳绊桩。打桩施工过程中，杜绝重铁件等硬质材料大力撞击钢管桩。施工过程中如出现贯入度反常，桩身突然下降，过大倾斜、移位等现象，应立即停止锤击，及时查明原因，采取有效措施。

（2）沉桩前作业人员熟悉桩位及地质资料，并进行安全技术交底，选择水流平缓的时段下桩，下桩速度要缓慢，桩在自沉过程中禁止压锤和施工，避免溜桩、偏桩，在沉桩时做好对定位、稳桩、压锤以及最后停锤的观测，沉桩过程中应严格控制沉桩力，防止出现溜桩等现象，并正确、真实、清晰、完整地做好沉桩记录，沉桩施工员做好施工日记。沉桩期间要注意过往船只航行，避免由于航行波对沉桩正位率影响或造成沉桩质量事故。

（3）对大直径单桩基础，为严格控制桩身垂直度，可设置导管架稳桩平台，导管架稳桩平台可采用小直径钢管桩固定，沉桩施工完成后，需根据地质情况确定桩基稳定后方可进行导管架稳桩平台拆除工作，导管架稳桩平台小直径钢管桩拆除时需严格控制拔桩速度，减小对单桩基础周边土体的影响。基础钢管桩沉桩完毕后应立即在桩周铺设砂被、抛填级配石等，避免桩周土体受冲刷影响。钢管桩沉桩完成后，应按照工程海域通航要求在桩顶设置红旗、警戒灯等通航警示标示，警戒灯必须常亮，同时在钢管桩顶部喷涂反光漆。

（4）配备警戒船24小时警戒在已沉设完成的钢管附桩附近。施工期间应随时检查停泊于施工区域所有船舶的锚缆系统，防止走锚而引起恶性事故发生。现场施工船

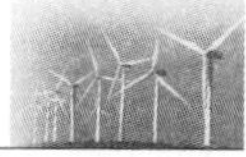

舶，特别是定位驳、起重船、运输方驳等，在停止作业期间必须远离风电机组施工机位位置，防止因风浪影响而造成船舶搁浅和风电机组基础损坏。凡参加海上风电工程施工的人员，必须参加外海施工安全防护知识和落水救护知识教育培训，合格后方可上岗。

3.6.4 海上运输

海上风电机组运输过程应使用合适的设备固定和包装方式，确保运输的安全，如对叶片应采取保护措施，使其表面和前、后缘不受损伤；对发电机、齿轮箱应采用弹性支撑，以减轻运输时振动对轴承的影响；对转动部件应设计带阻尼的锁定机构，防止运输过程中设备的转动。

各种船舶的技术状况必须符合国家规定，安全装置完善可靠。加强船舶管理，对船舶必须定期进行检修维护，在航行前、航行中、航行后均对安全装置进行检查，发现危及交通安全问题，必须及时处理，严禁带病航行；及时了解海洋气象预告，在恶劣的海况条件下不出海，并严格按照相关船舶操作规范的要求。

承运商应提供运输方案，并适应装卸和运输的需要。海上运输方案应包括运输安全风险评估，海运所需船舶的要求、计划运输路线、时间、运输船的底部与水底的距离、季节、环境条件等，尽可能减少装卸次数。运输方案应包括：海上运输条件，如天气条件（风、温度、降水、波高）；对运输船舶的要求（拖动力、导航设备等）和其他所用到的设备（浮吊等）的要求；对运输人员资质的要求；运输顺序、计划线路和运输持续时间；可能出现的危险条件，并拟订解决方案，这些危险条件包括运输时的强风、恶劣波浪等；紧急程序和营救操作方法；运输记录文件表格，记录文件应包含所有检查和海洋运输工作步骤的执行条件，并记录相关措施评估和测试结果、日期和责任人签字等。

所有参与运输及安装的船应满足船舶主管当局的要求，保证海上风电机组设备的安全；船舶应配备守护船，设置雷达、雾笛以及助航报警灯等。船舶靠泊风电机组或作业平台时，应严格按照相关船只操作规范的要求进行安全作业，避免撞击事故。

对于拖航作业，拖航之前需要获知准确的天气预报，仔细检查拖缆等设备，配置相应的守护船并在作业区进行警戒。做好船舶在施工作业前的准备工作，在拖带、航行前查阅当地、当时的潮汐资料，核算当地当时的潮位与历时，根据船舶吃水情况，计算船只开始拖航、航行的时机。施工船舶在进行施工前，须核实该位置附近的海底条件和障碍物的情况。施工船舶在吊装作业与打桩作业前，应当核算船舶的稳定性，防止船舶在吊装作业过程中出现大幅度的横倾甚至侧翻。

加强对施工作业船舶的监督管理工作，明确业主、施工方的职责，落实施工作业安全审核制度，加强施工水域的巡航工作，定期对施工船舶进行签证与安全检查，及时维修受损船舶。在计划工期内给定的条件下（风、水流、限制水域），拖运装置应有足够的拖动力以保证施工安全。拖运装置和航海设备应能满足既定线路和安装场地的后续调度。通过驳船或其他船舶运输时，应分析由船舶自身和所运输设备的重力产生的载荷分布和应力，并考虑运动产生的动力和相关结构部件的弹性特性影响，还应计入风和水的冲击力影响。表3-2为海上作业主要施工机械设备汇总表。

表3-2　海上作业主要施工机械设备汇总表

施工内容	机械设备名称	型号规格	单位	数量	备　注
风电机组基础施工和安装	浮式起重船	1500t级（起重能力）及以上	艘	1	立桩，稳桩（可考虑以全回转起重船为主，固定扒杆式起重船作为备选）
	自升式平台船		艘	1	风电机组安装
	近海甲板驳船	5000t级	艘	2	钢管桩运输
	打桩锤（一）	S1800或MHU1900型液压	套	1	S2000或MHU2100型液压打桩锤备用1套
	打桩锤（二）	APE600或IHC	套	1	导向架工艺桩沉桩施工
	平板驳船	1000t级	艘	1	运输砂
	拖轮	2000HP	艘	4	拖运、移位船舶
	交通艇		艘	2	接送人员
	抛锚艇		艘	4	甲板驳、起重船等起抛锚
	补给船		艘	2	淡水与生活物资补给
海上升压站	起重船（一）	1500t级	艘	1	钢管桩施工及导管架安装
	起重船（二）	5000t级及以上	艘	1	组合体安装
	运输驳船	8000t级	艘	1	组合体运输
	拖轮	2000HP及以上	艘	2	拖运、移位船舶
	抛锚艇		艘	2	打桩船、起重船等抛锚
	交通艇		艘	2	
电缆敷设施工	敷缆船（一）	1000t级	艘	1	35kV电缆敷设
	敷缆船（二）	3000t级	艘	1	22kV电缆敷设
	平板驳	1000t级	艘	1～2	供顶管过堤施工
	拖轮	2000HP	艘	2	铺缆船拖航及稳定性控制
	抛锚艇		艘	1	铺缆船等抛锚
	交通艇		艘	1	
	挖泥船		艘	1	开挖供敷缆船停卧沟槽（视实际需要而定）

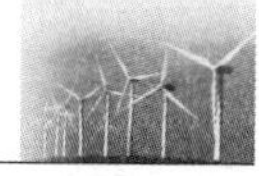

3.7 风电场施工消防安全管理

海上升压站是在有限的空间内实现全部的功能，承担风电场整体电力汇集、升压、送出，且满足消防、逃救生、通信、远程控制等要求。海上升压站远离陆地、无人值守，空间狭小、可燃物密度高、火灾激发因素众多，且一旦发生火灾，无法及时扑救。因此，海上升压站是风电场消防安全管理的重点。

除海上升压站外，在风电场建设过程中，还有很多部位或作业活动容易引发火灾。例如：风电机组基础构件加工制作时，钢结构切割、焊接工作量较大，电焊区域内有电火花伤害，引起火灾的可能性较大。油漆和涂料喷涂时，容易引起火灾。海上施工用电采用发电机供电，一般为柴油发电机，也应做好防护工作，以免引起火灾和爆炸，给工程建设和人身安全带来不可弥补的损失。个人防护用品沾有油脂，使用漏气的调节阀、割枪、气带、气瓶气割工具，气瓶高温下暴晒，用氧气吹扫工作服等不良习惯均可能引起火灾爆炸事故。

针对风电场建设过程中容易发生火灾的特点，一般的防治措施有：施工现场配备足够的灭火器并保持有效。电焊区域应严格做好防火工作。油漆、涂料由专人负责，施工现场及库区严禁烟火。保证“110”“119”电话的畅通，发生事故及时报警。严禁酒后施工，不得在禁火区吸烟、动火。经常开展以防火、防爆为中心的安全大排查，堵塞漏洞，发现隐患及时下发“隐患整改通知书”，限期整改，整改期间采取临时措施，防止发生问题。乙炔、油漆等属易爆、易燃物品，应妥善保管，严禁在明火附近作业，严禁吸烟。二氧化碳（CO_2）气体也应妥善保管。重视海上升压站的消防设计，从设计上减少火灾因素。

3.8 安全色、安全警示标识及航标设置

3.8.1 安全色、安全警示标识

风电场工程按照《风电场安全标识设置设计规范》（NB/T 31088—2016）、《安全标志及其使用导则》（GB 2894—2008）、《安全色》（GB 2893—2008）、《工作场所职业病危害警示标识》（GBZ 158—2003）等的规定，在生产现场设置危险因素警示标识和说明，提示操作工人注意和遵守安全生产操作规程，并采取相应防护措施。对产生严重职业危害的岗位，在其醒目的位置，设置警示说明，产生职业病危害的种类、后果、预防及应急救治措施等内容，使劳动者对职业病危害产生警觉。例如：①风电机组塔架、箱式变压器、集电线路等部位在生产运行过程中可能发生触电、火灾、爆

炸、高处坠落、物体点击等安全事故，需设置相应的安全标识；②风电机组机舱顶部应设置中光强障碍标志灯，红色玻璃灯罩，采用LED光源，同步闪烁，以达到明显的警示作用；③海上升压站和陆上集控中心内的主变压器、控制室、继保室、蓄电池室、SF_6配电装置室等附近设置警示标识；④陆上集控中心内运输道路设置交通标志，起重作业区设置明显的警戒标志，作业时应设有声响、灯光提示信号装置；⑤高处作业坠落危险场所设置易于辨认的安全色标或设置醒目的警告标志牌；⑥高压变电区域设置警告牌。高架平台、楼板设有最大容许荷载的标识。

3.8.2　航标设置

海上风电场工程海上助航标志按照《中国海区水上助航标志》(GB 4696—2016)、《中国海区水上助航标志形状显示规定》(GB 16161—1996)及《中国海区视觉航标表面色规定》(GB 17381—1998)等要求设置。

3.8.2.1　施工期航标设置

风电场建设期，需标示出工程施工作业区域，为引导过往的船舶安全航行提供导助航设施。根据施工的具体条件，建立立体、综合的助航网络系统，为施工船舶进出港提供多种便利、可靠的助航手段。

标志应醒目、结构安全可靠，达到安全、便利、准确、经济的助航效果。用多系统确保各种船舶在不同的气象条件下识别航标，引导船舶安全通过工程附近水域。根据工程建设期建设范围内的实际情况，海上风电场工程航标配置种类主要包括水上浮动标志、固定标志两类视觉航标和无线电航标。

在施工期，施工区作业船舶较多，为避免其他船舶误入施工水域，需要用专用标志将施工区域标示出来，警示过往船舶，保障施工船舶安全作业。

3.8.2.2　运行期航标设置

风电场工程建设投产后，在风电机组塔上布设固定标志。

(1) 风电机组塔的塔身颜色及编号。结合国际航标协会IALA Recommendation O-139(以下简称“IALA O-139”)，应在风电机组塔塔身显眼位置油漆编号，字体为黑色，高度不小于1m。

(2) 固定助航标志。IALA O-139中规定：风电场外围的“角落”或其他重要场所为重要的外围设备(Significant Peripheral Structure，SPS)；处于风电场边界线中间的为中间外围设备(Intermediate Peripheral Structure，IPS)，在这些设备上应布设固定标志标示风电场范围。

(3) 无线电航标。AIS航标作为SOLAS(海上人命安全公约)规定的船舶强制装备设备(凡300t以上从事国际航行的货船和500t以上从事国内航行的货船以及所有客船必须在2008年7月1日前配备AIS航标系统)。因此，为构筑全面的助航网络

系统，综合航标技术的先进性与前瞻性，为提高能见度不良的天气条件下船舶对风电机组塔的识别，在布设视觉航标的基础上，位于风电场显著位置的风电机组上增设AIS航标。营运期在风电机组塔上布设固定标志及AIS航标。

(4) 航标命名。海上风电场航标以风电场名称＋阿拉伯数字，顺时针连续编号。如滨海北风电场，施工期水上浮动标志命名为“滨海北H6灯浮”～“滨海北H21灯浮”。营运期固定标志命名为“滨海北H7灯桩”～“滨海北H19灯桩”。海上风电场航标同时设置AIS航标的，AIS航标以所设航标名汉语拼音字母命名。AIS航标命名为“BIN HAI BEI H7”“BIN HAI BEI H8”“BIN HAI BEI H10”“BIN HAI BEI H14”“BIN HAI BEI H18”。

3.9 环境保护与文明施工

海上风电场建设过程中的环境保护，要从海洋生物资源保护、航道保护、水土保持、废弃物管理、污废水（油）管理、海洋环境保护等方面进行管控，如图3-9所示。

海洋生物资源保护，严禁滥捕鱼类，尽量缩短水下作业时间，施工尽量避开鱼类产卵高峰期。航道保护，设置安全标志、夜间指示灯，禁止向航道内抛洒物品，施工前与航道、海事、水利等部门及时沟通。水土保持，合理设置排水系统，根据地形、地质条件采取施工方案。废弃物管理，现场设置临时存放点，专人管理，及时清运。污废水（油）管理，对废水进行分类处理，船舶配置专用容器收集箱，杜绝油类物资泄漏。海洋环境保护，杜绝海上废弃物，防止油类泄漏、洒至海洋，避免施工悬浮物剧烈扩散，维护保养船机设备，减少噪声。

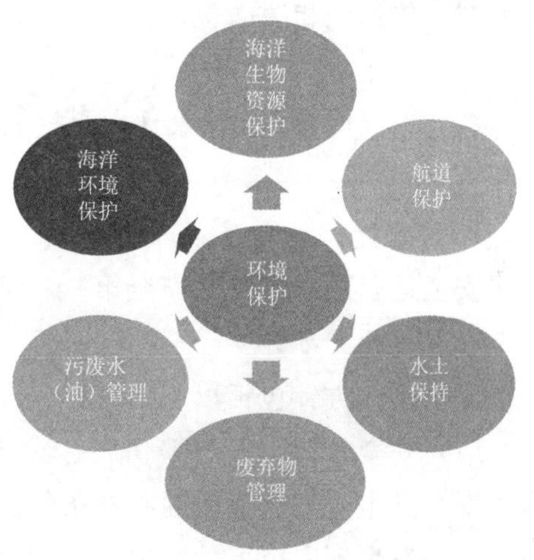

图3-9 海上风电场环境保护分类图

第 4 章　风电场安全运营管理

企业应根据《火力发电企业风险预控管理体系　要求》（Q/SHAQ 1010—2013）建立、实施、保持和持续改进本企业风险预控（本质安全）管理体系。企业风险预控管理体系应采用策划、实施、检查、改进（PDCA）动态循环模式，满足基于风险的管理要求。企业风险预控管理体系应形成文件。

检查内容包括查阅风险预控管理体系、动态检查评价报告、颁布的正式文件。评价标准为建立、实施、保持和持续改进本企业风险预控管理体系，满足国家安全生产标准化和发电行业生产工艺技术标准的要求，并保证体系正常运作。通过自我检查、自我纠正和自我完善，建立安全绩效持续改进的安全生产长效机制。此外，文件应及时发布，传达到相关岗位，所有员工熟知。

4.1　安全运营生产方针

1. 总方针

安全运营的总方针为安全第一、预防为主、综合治理。

2. 安全生产方针

安全生产方针包括以下内容：

（1）安全方针。人身零伤害、火灾零风险、风电机组零超停。必须坚持以人为本。安全是生产经营活动的必备条件。把预防生产安全事故的发生放在安全生产工作的首位。发生不安全事件要追究相关责任人的责任。

（2）安全方针管理。每年应以由企业最高领导签发、以正式文件下发的企业的安全方针（包括企业的安全目标）；下发后应组织专门的学习，做到企业内部人人皆知；每年在评审时也可做修改和补充，修改后要重新发布和贯彻学习。

3. 检查内容

（1）现场询问风电场主要负责人和相关人员（不少于 2 人）是否了解本企业的安全方针内容。

（2）在日常的生产活动中是否把人身安全始终摆在首位。

（3）现场安全发生问题后是否落实人员的责任。

(4) 抽查一项具体工作，各项安全措施是否齐全到位。

4.2 风险预控管理体系方案

4.2.1 安全管理承诺

1. 执行要求

(1) 管理者（企业负责人）通过对员工、相关方的访问和调查，了解管理需求。

(2) 结合企业风险和社会影响，法律法规要求，制定与企业安全宗旨相一致的安全管理承诺。

(3) 管理者（企业负责人）批准发布本安体系文件，组织员工安全管理承诺的培训。通过对风险预控管理体系的评审，持续改进并适时调整变更安全需要，使安全管理承诺得到落实。建立、实施企业风险预控管理体系，安全管理承诺结合企业发展实际不断改进，并及时获得资源的支持。

2. 检查内容

(1) 员工、相关方的访问资料。

(2) 企业安全管理承诺。

(3) 安全管理承诺由管理者（企业负责人）签发，网上公布，并张贴在员工经常经过的地点。

(4) 风险预控管理体系文件由管理者（企业负责人）批准发布。

(5) 管理者评审报告，评审报告问题整改闭环。

(6) 重点检查员工满意度指标体系的企业事故率、人为误操作。

(7) 企业安全管理承诺的改善计划和企业中长期发展规划。

3. 评价标准

(1) 安全管理承诺包括法律法规要求，对企业安全、健康、环保的要求和风险预控管理体系持续改进和目标要求，并包括相关方的承诺和影响。

(2) 安全管理承诺符合企业安全生产实际，结合企业安全风险和企业的社会影响。

(3) 管理层要参与本安全体系建设，并承担责任。

(4) 员工熟知安全管理承诺，并积极参与。

(5) 管理者代表主持管理评审会议，审批和签发管理评审报告，评审报告问题得到落实。

(6) 安全管理承诺得到落实。

(7) 安全管理承诺满意度较高。

（8）企业安全管理承诺，根据企业发展和安全生产实际，不断改进。

4.2.2　法律法规和行业标准

4.2.2.1　制定

1. 执行要求

建立识别和获取适用的安全生产法律法规、行业标准的制度，明确主管部门。

2. 检查内容

（1）识别和获取适用的安全生产法律法规、标准规程规范有效目录清单。

（2）法律法规和行业标准风险评估，并采取的有效措施。

3. 评价标准

（1）遵守安全生产法律法规、行业标准规范，贯彻安全生产活动中。

（2）建立识别和获取适用的安全生产法律法规、行业标准的制度，明确主管部门。

4.2.2.2　实施

1. 执行要求

相关部门应及时识别和获取适用的安全生产法律法规、行业标准规范，并跟踪、掌握有关法律法规、标准规范的修订情况，及时提供给生产一线员工。确定获取最新法律法规的渠道、方式，建立企业法律法规和行业标准库。将适用的安全生产法律法规、行业标准规范及其他要求及时传达给有关岗位工作人员，开展专题培训。

2. 检查内容

（1）及时公布最新法律法规和行业标准清单。

（2）建立法律法规和行业标准库。

4.2.2.3　检查

1. 执行要求

法律法规和行业标准清单完备，并及时更新。员工和各岗位相关工作人员识别违法违规行为可能造成的后果。企业应遵守安全生产法律法规、行业标准，贯彻到日常安全管理工作中。

2. 检查内容

查看法律法规和行业标准清单是否得到及时更新；考问员工和各岗位相关工作人员是否有违法违规风险，企业管理制度的引用标准是否具有有效性、实用性。

3. 评价标准

（1）法律法规和行业标准清单是最新版本。

（2）员工和各岗位相关工作人员违法违规行为得到控制。

（3）企业管理制度引用国家法律法规、国家和行业标准有效。

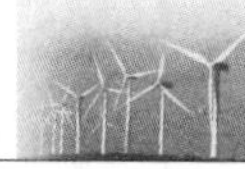

4.2.2.4 改进

1. 执行要求

法律法规库应半年更新一次；法律法规和行业应标准管理，获得最新程序做到持续改进。

2. 检查内容

企业每年公布一次有效的法律法规有效目录清单、新的国家法律法规、行业标准，企业应及时明确对有关制度更新的要求。

3. 评价标准

（1）识别新的法律法规、行业标准与企业制度管理的对接，存在的差异。

（2）本单位（企业）规章制度贯彻到日常安全管理工作中的情况。

4.2.3 安全生产目标实施

4.2.3.1 设立

1. 执行要求

企业应制定年度安全目标，目标应细化、明确各级安全指标的重点控制值。设立安全目标时应结合上级下达的目标与指标，安全生产风险控制水平和上年度安全生产目标完成情况，做到每年安全指标和标准有提高趋势。

2. 检查内容

（1）安全生产目标：不发生人身重伤及以上人身伤害和职业病事故，不发生一般及以上安全生产、环保、交通和火灾事故。

（2）安全生产目标：结合企业安全生产状况明确在人员、设备、作业环境、管理等方面的各项安全指标。

（3）企业年度安全生产“一号文件”。

（4）企业与上级签订的安全生产目标责任书。

（5）上级安全生产“一号文件”。

3. 评价标准

（1）安全生产目标、指标应经企业主要负责人审批，以正式文件（即安全生产“一号文件”）形式下达。

（2）满足企业负责人与上级签订安全目标责任状要求。

（3）企业安全目标定位准确，符合国家和上级单位要求。

4.2.3.2 执行

1. 执行要求

根据确定的安全生产目标、指标制定相应的分级（子分公司级、场级、班组）目标、指标，建立一级保一级的安全目标责任制。制定安全生产目标考核办法，对安全目标与指标的执行情况进行客观评价。

2. 检查内容

（1）管理层级之间签订安全目标责任书（状），三级安全目标符合控制要求。

（2）安全生产目标与指标的具体措施和实施计划的落实情况。

（3）安全目标和指标完成情况的绩效考核兑现情况。

（4）去年安全目标和指标的绩效兑现情况。

3. 评价标准

（1）管理层级之间应签订安全目标责任书（状）的形式，确认需要执行和达到的目标。

（2）子（分）公司级、场级（部门）、班组签订目标责任书，各级安全责任书控制重点应有区别。

（3）制定的措施和落实情况。

4.2.3.3　检查

1. 执行要求

安全目标与指标的实现情况应进行定期跟踪检查。

2. 检查内容

（1）月度安全生产分析会分析安全生产目标与指标的情况。

（2）每半年对安全生产目标完成情况监督检查，当发现目标与指标出现偏差时，应及时提出整改建议和措施。

3. 评价标准

（1）安全目标实施计划的执行情况，月度安全生产分析会分析安全生产目标与指标的实现情况。

（2）上半年、全年开展安全生产工作总结，包括安全生产目标、指标的完成情况。

4.2.3.4　回顾

1. 执行要求

每半年对安全目标与指标制定的科学性、合理性进行评审和回顾。根据安全生产目标、指标回顾情况，及时修正或更新安全生产目标与指标。

2. 检查内容

上半年安全生产工作总结对安全目标完成情况的回顾、年度安全生产工作会总经理工作报告。

3. 评价标准

年度安全生产工作会议上总结中有全年安全生产目标、指标完成情况和改善建议。

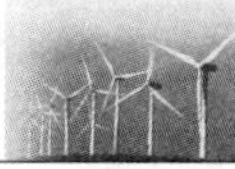

4.3　风电场安全生产运营体系制度文件

4.3.1　安全管理手册

4.3.1.1　编制

1. 执行要求

安全管理手册是安全生产纲领性文件，向社会和相关方传达风险预控（本质安全）管理体系的指导思想和安全宗旨。安全管理手册规定风险预控（本质安全）管理文件化的结构、形式、内容或表达方式。

2. 检查内容

（1）法规性文件，应严格遵照执行。

（2）评审和批准的证据，以及修订状态和日期，应在安全管理手册上清楚地表明。

（3）可行时，更改的性质应当在文件或适当的附件上明确。

3. 评价标准

（1）应明确企业安全生产方针、目标，以及生产安全的管理、执行、检查和评审工作的人员职责、权限和相互关系。

（2）企业重大危险源及其管理方案等。

（3）确定企业程序文件的机构、形式和内容，包括引用文件。

4.3.1.2　执行

1. 执行要求

按照安全管理手册要求，建立企业程序文件、管理制度和作业标准等体系文件。程序文件、管理制度和作业标准按照安全管理手册要求进行编制。

2. 检查内容

企业程序文件、管理制度、作业标准的管理体系，企业程序文件、管理制度、作业标准符合国家和行业标准要求。

3. 评价标准

（1）企业程序文件、管理制度和作业标准等体系文件，符合安全管理手册要求。

（2）企业程序文件、作业标准和制度符合安全管理手册要求。

4.3.1.3　检查与回顾

1. 执行要求

安全管理手册执行情况，根据系统评审进行检查回顾。检查回顾问题，制定整改措施进行改善。安全管理手册按照修订要求和日期进行修订。

2. 检查内容

（1）系统评审报告，应有关于安全管理手册评价内容。

（2）安全管理手册评价内容，及时改进。

（3）安全管理手册修订日期、版本。

3. 评价标准

（1）按照体系管理要求开展系统评审。

（2）安全管理手册按照系统评审、修订日期和国家要求，及时得到修订。

（3）安全管理手册，有效指导企业程序文件、管理制度、作业标准的编制和修订。

4.3.2　文件控制

1. 执行要求

要求企业制定文件控制管理办法。明确安全、健康、环保（简称“安健环”）文件编审、发布、分发、使用、修订程序以及文件借阅、检索、销毁等规定。建立现行体系安健环文件清单，相关部门和风电场要建立现行文件登记表，并及时更新。相关部门和风电场外来安健环文件的收发由专人负责。文件应及时分发，并有相关记录。根据有关规定及时予以立卷、归档。有效版本文件发放到相关部门、人员和使用场所，及时将失效文件从所有发放和使用的场所撤回，以防止误用。作废文件如需保留在现场时，应有作废文件标识并单独存放。

2. 检查内容

（1）子（分）公司文件控制管理办法。

（2）安健环文件管理流程和资料。

（3）安健环文件清单。

（4）安健环文件归档、收发记录，目录清单。

（5）外来文件收发检索目录。

（6）文件传达学习记录。

（7）考问员工对文件的熟悉程度。

（8）文件立卷、归档。

（9）作废文件回收和销毁的记录。

3. 评价标准

（1）文件归档、收发要有记录，并形成目录清单，同时标识明确，便于检索。

（2）安健环文件由专职部门和人员负责分发，发放有记录。

（3）相关部门和风电场对收到新文件要按要求传达到每个员工，要保留传达学习记录，员工熟悉文件主要内容。

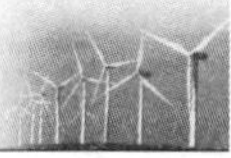

（4）安健环文件持有人应对文件妥善保管，保证文件能随时提供使用。

（5）作废文件有标识，销毁文件有记录；无效、失效文件无在用情况。

4.3.3 数据和记录控制

1. 执行要求

要求子（分）公司应制定记录控制管理办法，明确与安全生产相关的管理、作业活动、运行、体系运行数据和记录的格式、编号、填写、管理、处置等内容。记录的填写应准确完整、字迹清晰，便于识别。使用部门负责将记录分类，每月按日期顺序整理、装订，自行保存，保存期满，根据记录控制管理办法进行处置。记录储存在干燥适宜的环境中，注意防护，并且便于查找。

2. 检查内容

（1）记录控制管理办法。

（2）各项记录的保存期限和归档日期。

（3）查阅记录。

（4）查看记录管理。

（5）记录的储存。

（6）记录销毁记录。

（7）记录文件作废申请单。

3. 评价标准

（1）记录由指定人员保管，存放整齐、分类清楚、编号标示清晰、便于查找和提供。

（2）各项记录的保存期限和归档日期与制度一致。

（3）如因笔误或计算错误需要修改原数据，在其上方写上更改数据，更改人签名，注明更改日期。

（4）记录的填写人要亲自签名。

（5）在保存期内的记录，任何人不得撤销或销毁。

（6）超过保存期的记录，安全生产管理部门填写《文件作废申请单》交企业负责人批准后处置。

4.4 安全生产运营资源、机构、职责和权限

4.4.1 资源

1. 执行要求

要求子（分）公司应成立相应的风险预控体系的组织机构，根据实际，各子（分）公司原有的三级安全网络组成人员可以兼任风险预控组织机构人员的责任，

但要明确风险预控组织机构网络图，并明确风险预控体系各岗位的职责，使风险预控体系的建立有完善的组织保证。子（分）公司应有足够的资金保证生产现场的安全设施、安全防护设备等基础设施的完备和齐全。应有足够的安全资金投入满足以下工作的需要：设备技改费用；个人防护用品的补充、更新、检验费用；各级人员的安全技术培训所需费用；安全工器具检验检查费用。子（分）公司应有保证安全生产的物质储备标准，并按标准进行相应的物资储备。应做好保证安全生产的信息化管理工作。

2. 检查内容

(1) 有风险预控体系组织机构和网络图。

(2) 明确规定风险预控体系各岗位职责。

(3) 年初各项安全投入的计划和落实情况。

(4) 安全培训计划和执行情况。

(5) 子（分）公司安全生产物资的储备标准。

(6) 物资标准储备的落实情况。

(7) 安全生产信息化的进展和更新情况。

3. 评价标准

(1) 风险预控组织机构是否健全完善。

(2) 风险预控各岗位职责是否明确，岗位人员是否清楚自己的职责（现场询问）。

(3) 风险预控活动的落实情况（现场查看记录和询问）。

(4) 各项安全资金的计划和实施投入情况（查看记录、实地检查和现场询问）。

(5) 查看物资储备标准的相关规定，并实地检查储备情况是否落实和吻合（实地检查和口头询问相结合）。

(6) 信息化工作的推进情况（实地检查和现场询问）。

4.4.2　机构、职责和权限

4.4.2.1　安全生产领导机构

1. 执行要求

(1) 设置安全生产领导机构——安全生产委员会（简称“安委会”）。

(2) 应明确安委会的职责，建立健全工作制度和例会制度。

(3) 第一安全责任人应定期组织召开安委会会议，总结分析本单位的安全生产情况，部署安全生产工作，研究解决安全生产工作中的重大问题，决策企业安全生产的重大事项。

2. 检查内容

检查内容包括最新调整的安全生产委员会文件、安委会工作和例会制度及安委会会议纪要。

3. 评价标准

(1) 安委会由企业第一安全责任人担任主任，企业各部门负责人等人员作为成员，并及时进行调整。

(2) 主要负责人应定期组织召开安委会会议，安委会对重大安全事项进行决议并跟踪管理。

4.4.2.2 安全生产保障体系

1. 执行要求

(1) 建立由分管领导负责和有关单位主要负责人组成的安全生产保障体系（即完善的生产管理机构），坚持管生产必须管安全的原则。

(2) 子（分）公司、风电场主要负责人应每月组织召开安全生产分析会议，形成会议记录并予以公布。

(3) 以班组为单位进行定期的安全活动，并按要求做好记录。

(4) 开好班前会、班后会，并认真做好会议记录。

2. 检查内容

(1) 月度安全生产分析会及纪要。

(2) 年度、月度安全生产跟踪计划、总结文件。

(3) 班组安全活动每月至少不少于 2 次，紧密联系班组安全工作实际，并按要求认真做好活动记录。

(4) 班前会应详细记载当班安排工作情况，落实人员、要求工作完成标准以及安全重点提示和注意事项。

(5) 班后会应在认真总结当班工作完成情况并详细做好记录，真实反映计划内和计划外工作的完成情况，对当班安全方面应从正、反两方面进行总结。

3. 评价标准

(1) 子（分）公司、风电场主要负责人每月组织召开安全生产分析会议，形成会议记录并予以公布。

(2) 现场检查安全活动的内容是否充实和联系实际，记录是否认真，参加人员是否全部到位，未参加的是否及时进行补课等。

(3) 现场检查班前、班后会内容翔实与否，是否有安全提示等。

4.4.2.3 安全生产监督管理机构

1. 执行要求

(1) 在建和运营机组容量 50 万 kW 及以上的单位应设立安全生产管理部门，装机 20 万 kW 及以上的单位应配专职安全员，20 万 kW 以下单位可配备兼职安全员。

(2) 专、兼职安全员应经当地政府机关安监部门培训、考核，取得相应资质。

(3) 各班组按要求设置兼职安全员。

(4) 专、兼职安全员要开展监督检查并指导安全生产工作，定期或不定期进行现场安全检查，并建立安全检查记录，对违章指挥、违章作业现象能够及时制止，提出改进意见。

(5) 应设置本质安全体系评价内审员。

2. 检查内容

(1) 安全生产组织机构设置文件，安全监督机构职责、职权符合规定。

(2) 应取得当地政府安监部门经过培训取得的相应的资质。

(3) 专、兼职安全员定期和不定期安全检查记录。

(4) 有无具备资质的内审员。

3. 评价标准

(1) 按照公司规定科学合理配置安全生产管理机构和人员。

(2) 安全管理资质证件齐全。

(3) 安全检查记录真实可信，发现的问题得到闭环管理和处置，生产现场得到有效监督。

4.4.2.4　安全生产职责

1. 执行要求

(1) 制定各部门、各级、各类岗位人员安全生产责任制及职责到位标准。

(2) 安全生产责任制用于明确岗位安全生产工作的内容、任务、周期、方法、权限、责任等事项。

(3) 岗位职责到位标准用于对岗位职责的执行、依从情况进行具体评判。

(4) 岗位职责到位标准应符合国家安全生产法律法规和政策、方针的要求，并定期进行修订和完善。

(5) 岗位职责到位标准制定或修订，企业应以书面形式通知岗位人员。

(6) 企业对岗位职责的落实和执行情况进行评估，督促岗位职责的有效落实和执行。

2. 检查内容

(1) 企业各级人员、各部门、各岗位的安全生产责任制。

(2) 岗位职责到位标准制定或修订，组织培训学习、召开会议记录。

(3) 企业对安全生产责任制定期监督检查记录，检查中发现的问题整改闭环资料。

(4) 对现场生产员工或部门负责人进行考问，抽查至少3人询问安全生产责任制和岗位责任的常识性问题。

3. 评价标准

(1) 企业应建立横向到边、纵向到底的各级人员、各部门、各岗位的安全生产责任制。

(2) 所有人员理解、掌握本岗位的责任和到位标准。

(3) 子(分)公司和风电场应组织有关人员学习领会上级公司下发的《子(分)公司安全生产责任制度》并有学习记录。

(4) 上级公司下发的《子(分)公司安全生产责任制度》不能涵盖个别子分公司岗位的,是否做了相应的补充规定。

(5) 岗位职责和到位标准是否符合生产实际需要。

4.5 风电场运营中的危险源辨识、风险评估和控制

4.5.1 基础工作

1. 执行要求

(1) 按照专业评估原则建立风险评估小组,选定内外因综合分析风险评估方法,策划风险评估实施方案。企业内外因综合风险分析法包含设备故障风险评估、区域风险评估和工作任务风险评估三种模式。

(2) 按要求开展基础辨识与评估,并及时更新。企业风险包括:工艺风险、作业环境风险、工作任务风险。

(3) 企业定期(检修周期)进行一次全面的危险、危害辨识、风险评价工作,每年对风险基础数据库进行一次复核更新。

(4) 企业安全生产管理部门每年对全企业的风险预控工作进行一次专项检查。

(5) 工作前,对照标准工作任务风险评估,重新识别现场作业风险。

2. 检查内容

(1) 风险评估小组的文件,内外因综合分析风险评估方法中区域、设备故障、工作任务三种风险评估模式选择和实践。

(2) 年度危险源清单和区域风险评估(风险概述)。

(3) 风电场设备故障模式分析清单。

(4) 工作安全分析单、书面工作程序以及有计划工作观察单。

3. 评价标准

(1) 企业危险、危害辨识和风险评价前应进行危险源辨识和风险评估方法的培训。区域、设备系统、工作任务风险评估方法选择有效。

(2) 以检修间隔为周期,开展全面的危险源基础辨识与风险评估;新投产风电场

在投产后半年内，开展全面的危险源基础辨识与风险评估；企业应每年对风险数据库进行复核。

（3）工艺风险的辨识和评估宜采用内外因综合风险分析法中故障分析模式；作业环境风险和工作任务风险的辨识和评估宜采用内外因综合分析的区域风险分析和工作安全性分析模式。

（4）企业每年对风险预控工作的执行和落实情况进行评估与回顾。

4.5.2　危险源辨识

1. 执行要求

对风电场运营中的危险源辨识应覆盖全部生产场所和生产活动，确定风险管控对象，建立完整的生产设备台账。按《生产过程危险和有害因素分类与代码》（GB/T 13861—2009）、《工作场所有害因素职业接触限值　第2部分：物理因素》（GBZ 2.2—2007）对风电场运营中有害因素和事故分类开展危险源辨识，建立和保留危险源辨识清单，并保持更新。

2. 检查内容

检查内容包括按照设备系统、区域、工作任务开展的危险源辨识工作，填报危险源辨识表，建立危险源清单。

3. 评价标准

评价标准为企业建立危险源，设备系统、区域风险、工作任务风险管理基础数据库，并保持不断更新以符合现场设备和系统实际。

4.5.3　风险评估

1. 执行要求

企业应确定企业风险清单。风险评价清单包括工作任务、设备系统、生产区域风险等内容。企业在技改或引入新作业方法、使用新材料、新工艺或新设备之前，对相应的新作业方法、新材料、新工艺或新设备开展专题风险评价。

2. 检查内容

检查内容包括企业按内外因综合分析风险评估方法进行区域风险、工作任务风险、设备系统风险评估，建立风险基础数据库；全企业风险概述，确立企业高风险和高风险工作。

3. 评价标准

（1）企业根据设备系统、区域、工作任务风险评估，并形成公司风险概述。

（2）风险评估文件应于每年12月前发布，传达到相关岗位，所有员工熟知本岗位风险及控制措施。

(3) 在设备投产后的一年内应用设备故障模式分析方法完成设备系统风险评估，每年再进行调整补充完善。

(4) 对特定作业或危险项目，在作业活动前应用工作安全分析模式进行工作任务风险评估，制定工作安全分析单和书面安全工作程序。

(5) 采用半定量评估方法，完成生产区域风险评估，对风险管控对象进行风险等级划分，确定风险管控的重点对象。原则上以一个大修周期为评估周期，每年再进行调整补充完善。

4.5.4 风险控制

1. 执行要求

针对内外因综合分析风险评估方法三种模式区域、设备故障、工作任务评价结果，制定并落实相应的风险控制措施。机组定期维修、更换发电机和齿轮箱、主轴轴承、桨叶、主变和送出线路停电检修等重大检修项目，企业应设立专项安全监督机构，针对项目过程开展安全监察。

2. 检查内容

(1) 高风险项目制定治理计划和控制措施，并有效实施。

(2) 现场高风险工作执行安全技术交底，安全监督人员旁站，作业有效控制。

(3) 高风险工作任务清单，并执行安全许可制度。

(4) 检查事件调查报告，分析风险控制措施的有效性。

3. 评价标准

(1) 企业应对评估确定的高风险实行分级控制，定期监测、监督，落实监视措施、控制措施。

(2) 高风险工作管控有效，企业高风险有效降低。

4.5.5 "两措"管理

1. 执行要求

(1) 每年编制"两措"(即安全技术措施和反事故技术措施) 计划，并报所在分公司批复执行。

(2)"两措"计划项目责任部门要按计划要求组织项目的实施；分公司应定期对单位"安措"(安全技术措施) 计划执行情况进行验收、检查、总结，对"反措"(反事故技术措施) 计划执行情况进行督查，汇总后通报。

(3) 不能按计划实施的"两措"项目说明原因并履行审批手续。

(4) 年度"两措"项目计划完成率应达到100%。

(5) 定期开展"两措"工作总结，并履行审批手续。

2. 检查内容

（1）“两措”计划内容。

（2）计划审批流程文件。

（3）“两措”项目实施过程文件。

（4）责任落实证实文件。

（5）监督、检查、验收记录性文件。

（6）未按照计划实施的原因说明文件，以及审批流程。

（7）“两措”计划完成情况统计。

（8）执行过程的定期反馈留存文件。

（9）计划执行的现场对照确认。

（10）执行计划的工作总结。

（11）履行审阅手续。

3. 评价标准

（1）“两措”计划内容需要有针对性，切合现场实际工作，有可操作性。

（2）履行审批手续。

（3）落实责任部门开展各计划项目的实施工作。

（4）上级单位应负责验收、检查等监督工作。

（5）未按照计划执行完成的项目需说明原因，并履行延期等审批手续。

（6）年度“两措”项目计划完成率应达到 100%。

（7）定期回顾计划完成情况，并留存记录。

（8）完成情况记录需与现场实际相符。

（9）按照季度、年度开展“两措”工作总结。

（10）总结文件应经分公司安全生产主管领导签发，并告知场站员工。

4.5.6　危险源监测

1. 执行要求

企业应建立危险源监测机制，危险源监测包括对危险源的状态监测和风险控制过程监测。

2. 检查内容

危险源监测信息是否及时传递到基层岗位和员工，并及时更新风险数据库。

3. 评价标准

危险源是否处在安全或受控状态，按危险源监测形式可分为实时监测、周期监测、动态监测。

4.5.7 风险预警

1. 执行要求

(1) 企业应建立风险监测预警机制，每月对设备系统、区域风险、高风险工作任务的实时风险数据进行公布，确定风险监测项目，并对重大安全隐患风险预警。

(2) 建立风险事项告知机制，明确日常生产中及突发事件情形下的风险告知途径。

2. 检查内容

(1) 公布每月风险数据，风险监测项目和重大安全隐患预警。

(2) 员工入厂培训，包括风险告知内容。

3. 评价标准

(1) 对工作任务和设备系统的实时风险科学分析和风险评估，加强适时风险评估结果的及时上报和通报，并对重大安全隐患及时预警。

(2) 适时风险及时告知有关人员和相关方。

4.6 安全运营的能力、培训、意识和文化

4.6.1 能力

1. 执行要求

(1) 建立员工选聘流程和岗位任职标准。

(2) 人员聘任上岗（含转岗和复职）前，应进行健康状况和技能状况鉴定，符合岗位任职标准的方可聘用。人力资源部门和用人单位对所聘人员试用期间的能力和表现进行联合鉴定，保留鉴定和录用情况记录。

(3) 建立持证上岗机制。

(4) 主要负责人和安全生产管理人员应具备与发电生产活动相适应的安全生产知识和管理能力。

(5) 为员工提供持续提高任职能力的条件与途径。

2. 检查内容

(1) 岗位任职标准。

(2) 员工档案。

(3) 鉴定记录。

(4) 证明从业人员能力的相关记录。

(5) 现场能力观察和询问。

（6）提高任职能力途径的记录。

3. 评价标准

（1）岗位任职标准应明确岗位工作内容、工作标准、工作流程和职责等；明确岗位人员教育经历、工作经验或执业资格要求；明确健康条件（包括职业禁忌症等）、心理条件等要求。

（2）结合现场岗位需要开展鉴定工作。

（3）基于法律法规、行业标准的要求制定人员的能力要求标准，并保存证明其能力的相关记录。

（4）场站主要负责人应满足安全生产管理人员的基本素质。

（5）场站应为任职人员提供持续的提高任职能力的途径。

4.6.2　培训

4.6.2.1　培训计划与组织

1. 执行要求

（1）针对各类安全培训制定详细的年度安全培训计划。

（2）应针对各类安全培训制定详细的培训大纲，按照培训大纲编写适用的培训教材和考试题库。

2. 检查内容

（1）按时编制年度安全培训计划，计划内容完善。

（2）计划责任落实。

（3）各类安全培训大纲。

（4）培训材料和考试题库。

3. 评价标准

（1）在计划中明确培训对象、培训内容、培训方式、培训计划时间等事项。

（2）年度安全培训计划一般应在每年的 1 月底之前制定完成。

（3）培训大纲、培训材料、考试题库需符合公司业态类别，符合具体工作需要。

（4）培训大纲、培训材料、考试题库需要下发。

4.6.2.2　安全教育组织与实施

1. 执行要求

（1）新入职人员（包括本单位员工、临时用工、外援工、外来实习人员等）应进行单位、班组安全教育培训，教育结束后均应进行考试，考试合格者方可上岗工作。

（2）新入职人员应了解本单位基本安全状况、主要的安全风险和安全注意事项。

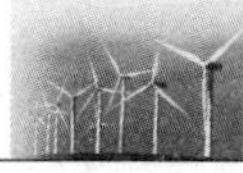

（3）安全教育培训由各单位组织实施，培训时间一般不少于12学时。

（4）班组级安全教育由员工所属班组的班组长负责组织实施，培训时间一般不少于20学时。

2. 检查内容

培训和考试内容、考试合格证明、现场考问和培训记录、内容、考试成绩。

3. 评价标准

（1）入场安全培训需要建立培训过程记录，形成档案留存。

（2）上岗前考试及考试成绩需公正、公开，需要严格把控。

（3）现场作业人员和新入职人员须了解作业现场安全状况、主要的安全风险和安全注意事项。

（4）按规定开展培训工作，不应少于规定的培训学时。

（5）按要求的时间开展培训，不应少于规定学时。

4.6.2.3 专项安全教育培训组织与实施

1. 执行要求

（1）每年对3种人进行考试。

（2）组织特种设备作业人员和特种作业人员参加相应的安全培训、考试，确保其特种作业资格的有效。

（3）单位负责人、安全生产管理人员须经当地安监部门培训取证，且初次培训学时不少于32学时，每年不少于12学时。

（4）开展违章、事故责任者安全培训和承包商员工入场安全培训，定期、分批组织员工开展事故案例教育，安全专题培训学习。

（5）应组织员工对本单位和上级公司年度安全工作报告进行专题学习和分析，确保年度安全工作报告的认真贯彻执行。

（6）员工转岗、连续离岗3个月以上重新上岗以及外部人员进入本单位工作，应根据需要接受相应类型的安全培训。

（7）对安全培训工作定期监督检查，并开展评估和回顾，对发现的问题，制定措施予以及时纠正和改进。

2. 检查内容

（1）考试通知、成绩留存。

（2）考试内容除安规部分应涵盖公司安健环相关内容。

（3）确定3种人应以企业或子公司红头文件下发。

（4）从业人员资质证书。

（5）单位负责人、安全生产管理人员资质证书。

（6）培训记录、内容，参会人名单。

（7）培训效果评估文件。

（8）年度安全工作报告培训记录。

（9）安全培训记录。

（10）员工转岗和上岗记录。

（11）培训定期监督检查的检查记录。

（12）评估和回顾内容记录。

（13）结合检查和评估的问题所制定的措施和改进计划。

3. 评价标准

（1）对工作票签发人、工作负责人、工作许可人进行培训，考试合格后公布资格，并记入培训档案。

（2）组织特种设备作业人员、特种作业人员参加国家授权资质单位培训，并取得从业或作业证书。

（3）资质证书应符合要求。

（4）培训应切实起到教育意义，对违章、事故等事件的培训，需结合现场实际。

（5）承包商入场培训，需落实责任人，必须经考试合格后方可入场工作。

（6）根据情况邀请相关人员进行专题案例讲解，使员工深入了解事故发生原理、危害识别知识和风险控制知识。

（7）培训内容全面，需要基本覆盖现场安健环管控范围（如消防安全培训、职业安全健康培训、交通安全培训、应急救援等）。

（8）结合公司年度安全工作指导文件，开展专题学习和分解，落实责任，推进年度安全工作的落实。

（9）员工转岗、连续离岗3个月以上重新上岗以及外部人员进入本单位工作，需要根据具体岗位内容开展安全培训工作。

（10）培训监督检查需要及时到位。

（11）培训评估回顾应符合实际，达到提升的目的。

4.6.3　意识和文化

1. 执行要求

（1）持续开展教育、培训，通过安全标准不断的强化与培养，形成全员对安全工作的共同价值观与统一行动，确保人员具备安全意识。

（2）建立人员安全行为标准，培养安全行为习惯，获得全员安全意识的形成，营造企业安全文化。

（3）建立安全文化示范单位，创建活动领导机构。

(4) 总结、提炼具有企业特点的安全文化理念。

(5) 企业应在制度保障、组织保障、人员保障、技术保障、经费保障等方面制定安全文化实施保障计划。

(6) 采取必要的措施和手段，结合自身特点，营造良好的安全文化氛围，激发员工的安全责任感。

(7) 定期召开安全文化工作会议，总结评价安全文化建设工作。

(8) 建立信息收集和反馈机制，定期发布安全文化成果。

2. 检查内容

(1) 持续开展教育、培训，确保人员具备安全意识。

(2) 人员安全行为标准。

(3) 安全文化创建活动领导机构文件。

(4) 安全文化理念，融入员工安全行为，观察员工行为和现场考问。

(5) 企业安全文化手册。

(6) 年度安全文化建设计划或实施方案。

(7) 安全文化廊、安全角、板报、宣传栏等员工安全文化阵地，进行多种安全教育活动。

(8) 安全文化建设考核机制。

(9) 企业应建立安全文化建设考核机制，并认真执行。

(10) 定期对企业安全文化建设工作进行评定奖励或考核。

3. 评价标准

(1) 提供支持文件应符合现场实际，并确实达到提高安全意识的要求。

(2) 人员安全行为标准，应满足形成全员安全意识形成的需要。

(3) 明确职能部门负责组织实施、分工清晰、齐抓共管。

(4) 企业安全文化体系应主要包括安全价值观、安全愿景、安全使命、安全目标和安全方针。

(5) 计划任务、安全目标明确，组织机构落实，措施职责清晰。

(6) 开展多种形式的安全文化教育活动，充分发挥媒体的宣传作用，把握正确的舆论引导方向，营造浓郁的安全舆论氛围。

(7) 应制定定期组织公司安全文化建设过程有效性和安全绩效结果评审制度，并定期组织各级管理者对公司安全文化建设过程的有效性和安全绩效结果进行评审。

(8) 考核机制的执行要切实可行，防止流于形式。

(9) 评定奖励需要进行公示，鼓励和提高员工的安全生产积极性。

4.7　生产系统运行控制

4.7.1　生产基础管理

4.7.1.1　制度建设

1. 执行要求

(1) 生产管理机构健全、分工明确，责任范围包含生产全过程及所有生产设备和设施。建立完善的针对各级生产管理机构和责任人的考核机制。

(2) 建立健全运行调度系统，明确各级岗位及人员的职责和权限，以及风电场内重大操作和事故处理的调度指挥权限。

(3) 对生产过程实施风险管理，及时开展危险源辨识、风险评估等工作，风险管控到位、措施合理。

2. 检查内容

(1) 机构设置。

(2) 部门分工及责任。

(3) 部门负责人、技术负责人等关键岗位的设置。

(4) 人员配置。

(5) 奖惩机制。

(6) 考核与奖惩记录。

(7) 各级运行人员的职责和权限。

(8) 重大操作和事故处理的处理流程。

(9) 风险管控措施在生产过程中的落实情况。

(10) 风险管控效果及评价与改进。

3. 评价标准

(1) 从企业到风电场各级生产管理机构健全。

(2) 部门分工明确，内容合理，涵盖运行、检修、安全、技术监督、备品备件、技术改造等职责。

(3) 各级负责人和主要技术人员岗位责任明确。

(4) 人员配置合理。

(5) 针对各级生产管理机构和负责人的完善的考核机制，责任和权利设置相适应。考核与奖惩记录应全面准确。

(6) 各级运行人员的职责和权限符合实际，设置合理。

(7) 重大操作和事故处理的处理流程严谨规范。

（8）重点明确责任。现场事故处理及紧急停用的最高指挥者是当值值长；禁止层层请示、延误时间。待事故处理告一段落后，立即汇报相关分公司主管领导。

（9）风险管控到位、措施有效。

（10）重点检查运规中的事故处理方案及紧急停用执行细则。

4.7.1.2 设备台账

1. 执行要求

（1）制定设备台账管理标准，明确管理职责和台账记录具体内容、格式要求。

（2）主要设备和主要辅助设备都应建立台账，控制设备可按系统建立台账。

（3）设备台账应及时更新。

（4）建立设备台账的检查考核制度。

2. 检查内容

（1）管理标准。

（2）职责。

（3）台账格式。

（4）主设备台账档案，风电机组、机组变、集电线路、主变等。

（5）台账记录内容齐全，包括参数、调试、检修记录、异常记录、变更，评级、定级记录格式符合标准要求等其他设备台账。

（6）查看更新的规定。

（7）查看台账更新记录。

（8）查看检查考核制度。

（9）查看检查及整改记录。

3. 评价标准

（1）标准清晰，职责明确。

（2）台账内容完整，格式规范。

（3）内容规范、完整，无遗漏。

（4）设备台账完整，无遗漏设备。

（5）记录内容需包括并符合电气设备交接试验规程、电气设备预防性试验规程以及厂家技术规定等技术要求。

（6）符合反措及强条要求。

（7）更新要求：检修后 15 日，安装试运后 7 日，事故、障碍、异常及重大缺陷应在抢修复运后 3 日内。

（8）明确更新责任人，及时更新。

（9）安全生产管理部门应采取随时抽查与每月定期检查相结合的方法，对设备台账录入情况进行检查考核。

4.7.1.3　规程及现场生产制度、技术资料管理

1. 执行要求

（1）制定运行、检修等规程的修编制度，明确制度的编写和审批流程；制定完善的现场生产管理制度。

（2）加强技术档案管理，分类建立各类设备的技术文件、图纸等档案资料。设备厂家的技术资料原件必须归档，发放使用复印件。

（3）规程内容完善、准确，与实际一致；技术图纸完善、准确，与实际一致；厂家技术资料完善、准确，与实际一致。

2. 检查内容

（1）制度。

（2）规程的修编记录。

（3）规程的审批记录。

（4）核查运行规程和系统图定期修编和审查情况。

（5）设备厂家技术资料。

（6）档案。

（7）技术资料。

（8）实际情况变化时，及时补充和修订的内容。

（9）相关规程。

（10）各类技术图纸。

（11）厂家技术资料。

3. 评价标准

（1）制度完善：包括交接班、定期工作、巡回检查、钥匙管理、安全工器具管理等。规程发布履行相关审批程序。

（2）修编工作符合规定。

（3）设备厂家技术资料齐全、正确。

（4）检查内容符合现场实际，具有实用价值。内容包括系统接线，上级部门技术措施、反事故措施及生产厂家等规定，运行部门制定的规程和系统图补充和修订内容等。

（5）检查内容符合现场实际，具有可操作性。有及时的补充、修订内容，每年审查 1 次，3～5 年全面修编 1 次。

（6）依据现场设备实际情况，参考竣工图，重新编制系统图，并在图上注明主要技术参数。

4.7.1.4　落实设备责任制

1. 执行要求

（1）制定并落实设备责任制，保证设备分工合理、责任到人。

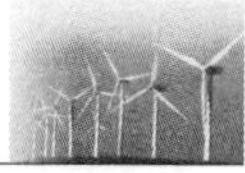

（2）设备责任制要明确设备责任人在设备的巡检、维护、检修中应承担的责任。

（3）设备责任制要明确要求责任人熟悉设备的技术参数和性能。

（4）责任范围内的设备出现故障应承担相应的管理责任，并提供故障分析数据和第一手资料。

2. 检查内容

（1）检查设备责任制。

（2）检查制度的执行和落实情况。

（3）检查对照责任制的落实情况是否到位。

（4）检查现场考问相关责任人对责任范围的设备的性能和参数是否熟悉。

（5）检查责任制范围内的设备出现故障时，责任人所承担的责任是否清晰和非责任人是否有区别。

3. 评价标准

（1）设备责任分工合理，责任到岗。

（2）落实责任制的考核规定。

（3）责任明确、到位清晰，有相应的记录。

（4）现场考问人数不少于 2 人。

（5）查看设备故障发生后和责任人的对应情况。

4.7.1.5 生产分析

1. 执行要求

（1）应有定期的生产分析制度。

（2）生产任务的完成情况。

（3）单位时间利用小时的情况。

（4）设备故障影响发电量的情况。

（5）备品配件对设备故障处理影响的情况。

（6）下一级阶段需引起注意的情况。

（7）阶段性技术监督工作的推进情况等。

2. 检查内容

（1）无定期设备分析制度、生产分析制度的内容和实际是否对应。

（2）评价标准为分析制度内容。

（3）生产分析涵盖内容是否全面；主要指标是否包括；分析是否透彻；对下一步的工作是否有指导性。

4.7.1.6 “两票”管理

“两票”管理即工作票、操作票管理。

1. 人员要求

工作票签发人、工作负责人、许可人资格符合要求。承包本单位维护、运行、检修、安装、施工任务的外委单位的工作票签发人、工作负责人、许可人资格符合要求。操作票操作人、监护人、审批人资格符合要求。

检查内容包括名单、资格证书和正式的文件通知。评价标准为应经过《电业安全工作规程》培训并考试合格。

2. 执行要求

单位应严格执行“两票”制度。检修、运行人员在实施检修工作、操作任务前，应对工作任务全过程进行危险点分析，制定风险控制措施，填入工作票、操作票。危险点分析和预控措施针对性强，预控措施有效落实。“两票”执行程序及标准应符合安规及区域风电企业的要求。

（1）检查内容包括：工作记录、“两票”。

（2）评价标准如下：

1）严格执行“两票”制度。

2）危险点分析及控制措施完善。

3）工作票安全措施全面，无漏洞。

4）操作票经模拟预演正确，无倒项、漏项。

5）危险点分析及控制措施完善。

6）“两票”执行程序及标准符合安规要求。

3. “两票”检查与评价

单位安全生产技术人员应按季度对工作票、操作票执行情况进行综合分析和汇总评价，并制定改进意见或完善相关规定。已执行和作废的所有纸质工作票、操作票（包括附属票）按要求保存。

检查内容包括对工作票、操作票执行情况进行综合分析；汇总评价工作的落实情况；“两票”保存情况。评价标准为及时发现工作票、操作票执行中存在的问题，并及时补充完善。“两票”需按“安规”要求，完整保存1年以上。

4.7.2　运行控制

4.7.2.1　运行监控

1. 执行要求

（1）制定运行工作标准，明确运行各岗位的工作职责。

（2）明确各主要设备额定参数。

（3）明确对各种异常情况的处理规定。

（4）根据设备状况，合理安排运行方式，做好各项安全保障措施。

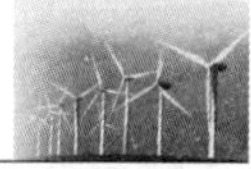

（5）值班人员应能及时发现运行中设备出现的问题，并采取正确措施进行处理。设备处于正常运行状态。

（6）严格执行操作票办理的相关规定。

（7）完善设备检修安全技术措施，做好监护、验收等工作。

2. 检查内容

（1）运行工作标准。

（2）各岗位人员的职责。

（3）现场抽考。

（4）各主要设备额定参数。

（5）各种异常情况的处理规定。

（6）运行记录。

（7）正常运行方式及特殊运行方式的规定。

（8）事故预测。

（9）运行记录。

（10）现场设备。

（11）保护投入情况。

（12）操作票内容。

（13）编号、盖章、涂改。

（14）已执行票保存。

（15）操作票。

（16）工作票。

（17）风电机组检修票。

（18）检修结束后对固定安全设施的恢复情况。

3. 评价标准

（1）工作标准内容完善，规定到位。

（2）运行人员对本岗位工作应知应会。

（3）设备厂家技术资料。

（4）事故处理规定。

（5）方式安排，最大限度保障设备的安全运行。

（6）运行方式符合运行规程的规定。

（7）保护配置与运行方式对应。

（8）设备的各项运行指标。

（9）现场设备运行正常。

（10）保护投入正确。

（11）操作程序正确。

（12）编号、盖章正确，无涂改。

（13）已执行票保存良好。

（14）完善设备检修安全技术措施，设备安全检修。

（15）检修结束后对固定安全设施恢复良好。

4.7.2.2　运行记录

1. 执行要求

（1）运行日志记录翔实、规范。

（2）交接班记录翔实、规范。

（3）正常巡回检查及特殊巡回检查记录翔实、规范。

（4）定期工作记录翔实、规范。

（5）其他记录正确无误。

（6）运行报表内容应有指标数据、风资源数据、设备的运行状况及单位重大非停情况等。

2. 检查内容

（1）运行日志。

（2）交接班记录。

（3）正常巡回检查及特殊巡回检查记录。

（4）定期工作记录。

（5）其他记录。

（6）运行报表。

3. 评价标准

（1）应详细记录风速、发电量、上网电量、系统运行方式、“两票”执行情况、异常及处理情况、运行的主要工作、调度命令等。

（2）接班记录、巡检及特殊巡检记录、定期工作记录、其他记录正确无误、无遗漏。

（3）记录完整、正确、无误。

4.7.2.3　交接班管理

1. 执行要求

（1）交接班程序规范，应召开交接班会、开展设备巡检交接。

（2）交接班制度完善、明确。

（3）对交接班时发生事故的规定明确。

（4）交接班记录应包括系统和设备运行状况，调度命令，操作票和工作票的办理情况；接地线及接地开关使用情况，定期试验轮换工作情况，设备异常及处理情况，消缺

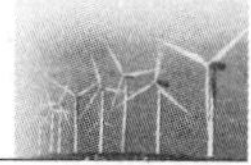

及进行的试验切换情况，运行方式变化情况等。交接班记录应由交接班双方签字。

2. 检查内容

检查内容包括交接班记录、交接班制度执行情况、对交接班时发生事故的规定、交接班记录、交接班时运行情况记录和交接班手续。

3. 评价标准

(1) 记录规范。

(2) 内容完整，针对性强。

(3) 交接班制度执行正确。

(4) 掌握对交接班时发生事故的规定。

(5) 记录内容完整。

(6) 交接班时运行情况记录清楚。

(7) 交接班手续完整。

4.7.2.4 巡检

1. 执行要求

(1) 有巡回检查制度执行情况。

(2) 掌握制度规定的内容、标准。

(3) 做好巡检记录。

(4) 制定特殊工况下的巡检规定。

2. 检查内容

(1) 采用跟班巡检、查阅巡检记录等方法，了解运行人员是否按照规定的时间、路线、内容进行设备巡检。

(2) 抽查部分运行人员，了解其对设备巡检的主要内容、标准和注意事项的掌握情况。

(3) 检查巡检记录，是否认真填写巡检情况、运行参数、发现问题。

(4) 检查在设备带缺陷运行、设备有频发性故障、设备投入试运行、主设备失去备用、非正常运行方式、异常天气等特殊情况下，是否增加了巡检次数。

3. 评价标准

(1) 严格执行运行巡检制度，按时、按路线进行。

(2) 有完整的巡检记录，无缺项漏项。

(3) 运行人员对制度的掌握情况良好。

(4) 特殊情况下有加大巡检频率的记录。

4.7.2.5 设备定期工作（试验与切换）

1. 执行要求

(1) 设备定期工作、试验和切换制度执行情况。

（2）建立定期工作、试验或切换记录。

（3）做好设备定期工作、试验与切换的风险预控工作。

2. 检查内容

（1）查阅设备定期工作、试验和切换制度，是否按照规定的时间、试验内容或切换要求，进行设备工作、试验和切换。

（2）查阅设备定期工作、试验或切换记录，重点是检查定期工作、试验或切换的内容、试验结果、试验数据和切换情况。

（3）检查设备定期工作、试验与切换工作的风险预控工作，检查高风险工作是否做好安全措施、风险分析、事故预测。

3. 评价标准

（1）严格设备定期工作、试验和切换制度。

（2）有完整的设备定期工作、试验和切换记录。

（3）为设备定期工作、试验和切换编制了操作票及风险预控票。

4.7.2.6　培训与演习

1. 执行要求

应定期开展培训活动，运行培训和演习要有针对性，组织学习事故通报和反事故措施。

2. 检查内容

（1）查阅运行人员现场考问、反事故演习、技术问答、技术讲课、默画系统图、规程考试、事故预测等培训活动记录。

（2）培训与演习是否符合现场实际。

（3）技术问答是否根据个人岗位不同和现场运行实际而有所不同。

（4）抽查考问。

（5）查阅组织学习上级颁发的事故通报和反事故措施的学习记录，以及根据学习情况制定的相关的防范措施。

3. 评价标准

（1）有各类培训活动记录。

（2）培训记录内容充实，有针对性。

（3）有事故通报学习记录和防范措施。

4.7.2.7　运行分析

1. 执行要求

有针对性开展异常运行分析，并定期召开子公司安全、运行分析会议。

2. 检查内容

（1）查阅分析纪要。

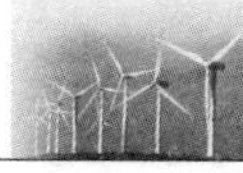

(2) 可用率基础数据形成，准确性保证。

(3) 检查子公司的安全、经济运行分析会议纪要，内容应包括运行指标完成情况、异常运行情况、目前存在的问题、需要协调解决的问题，布置下月的运行工作任务，提出工作目标和要求。

3. 评价标准

(1) 异常运行分析报告要有针对性，原因分析透彻，防范措施完善。

(2) 每月召开1次运行工作分析会议。

4.7.2.8 防误操作闭锁装置管理

1. 执行要求

(1) 防误闭锁装置及解锁钥匙的管理制度完善。

(2) 防误闭锁装置的解锁工具应妥善存放，借出时须进行登记，使用时须经场长同意并经专人监护。

(3) 防误操作闭锁装置应列入巡回检查项目，保证可靠工作。

(4) 电气操作时防误闭锁装置发生异常，应立即停止操作，及时报告运行值班负责人。

2. 检查内容

(1) 防误闭锁装置及解锁钥匙的管理制度。

(2) 防误闭锁装置的解锁钥匙存放、借出登记，使用情况。

(3) 巡回检查记录。

(4) 装置运行记录。

(5) 执行情况。

3. 评价标准

(1) 防误闭锁装置及解锁钥匙的管理制度完整，无漏电。

(2) 防误闭锁装置的解锁钥匙存放管理完善；借出登记，使用情况正常。

(3) 记录准确无误。

(4) 装置完好。

(5) 严格执行相关制度规定。

4.7.2.9 运行保护投停管理

1. 执行要求

(1) 编制保护（自动）装置运行规程。制定保护（自动）装置投停管理规定，明确保护（自动）装置投停的审批流程和投停操作的具体要求和注意事项。

(2) 执行保护（自动）装置投停监护制度，保护（自动）装置投停必须在有人监护下进行，确保其工作的正确性。

(3) 保护（自动）装置解除期间，对失去保护装置和自动调节系统的设备采取确保安全的措施。

（4）建立继电保护及安全自动装置投停记录。

2. 检查内容

（1）保护（自动）装置运行规程。

（2）保护（自动）装置投停管理规定。明确保护（自动）装置投停的审批流程和投停操作。

（3）有监护制度。

（4）有执行记录。

（5）有安全措施。

（6）措施的完整、可靠性。

（7）有投停记录。

（8）记录的完整、可靠性。

3. 评价标准

（1）保护（自动）装置运行规程严谨无误。

（2）保护（自动）装置投停管理规定细节明确无误。

（3）保护（自动）装置投停的审批流程和投停操作符合要求。

（4）准确执行监护制度。

（5）准确执行操作。

（6）采取的安全措施真实可靠。

（7）措施的完整、可靠性符合要求。

（8）投停记录保存完整。

（9）记录内容完整、清晰。

4.7.3　检修管理

4.7.3.1　检修管理制度、规程编制

1. 执行要求

企业应制定机组设备检修管理制度，明确本企业机组设备的检修间隔、检修组合方式、停用时间，明确检修项目全过程管理程序，明确各部门职责等。

2. 检查内容

（1）检修质量验收管理标准。

（2）检修资料管理标准。

（3）检修外委工程管理制度。

（4）检修规程数据应可靠、准确。

3. 评价标准

（1）机组设备检修管理制度应明确设备的检修间隔、检修组合方式、停用时间，

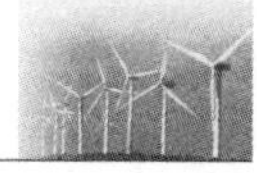

明确检修项目全过程管理程序，明确各部门职责等。

(2) 检修质量验收管理标准应明确质量验收计划的编制和质量验收工作的组织流程；明确对检修质量验收评价的内容；明确各部门的职责等。

(3) 检修资料管理标准应明确检修过程应建立的检修资料、具体内容及标准格式，对资料归档做出明确要求。

(4) 检修外委工程管理制度应明确各部门职责，明确外委工程的审批、招标、施工现场管理、验收、考核等全过程管理流程。

(5) 企业应根据行业标准、设备厂家要求以及检修、运行经验，编制各设备的检修规程。

4.7.3.2 检修计划管理

1. 执行要求

根据风电场的主要设备和辅助设备健康状况和检修间隔，编制次年检修工作计划，包括检修项目名称、重大特殊项目的立项依据和重要技术措施概要、预定检修时间、预定停机时间、需要的主要备件和材料等。根据主管机构提出的年度检修重点要求，编制下年度检修工期计划。

2. 检查内容

检查内容为每年编制的次年检修工作计划和工期控制计划。

3. 评价标准

(1) 根据风电场的主要设备和辅助设备健康状况和检修间隔，编制次年检修工作计划，包括检修项目名称、重大特殊项目的立项依据和重要技术措施概要、预定检修时间、预定停机天数、需要的主要备件和材料等。

(2) 下年度检修工期计划包括检修级别、距上次检修的时间、检修工期、检修进度安排及说明等。

4.7.3.3 检修过程控制

1. 执行要求

(1) 检修过程严格落实维护检修、技术监督、质量验收等计划。

(2) 检修过程中，应及时做好记录。记录的主要内容应包括设备技术状况、修理内容、系统和设备结构的改动、测量数据和试验结果等。所有记录应做到完整、正确、简明、实用。

(3) 严格执行检修工艺规程要求，应着重抓好设备的解体、检修和回装过程的工作。

(4) 严格按质量监督计划组织质检点验收工作；所有项目的检修施工和质量验收应实行签字责任制和质量追溯制。

(5) 严格现场劳动作业环境安全管理，检修现场坚持文明施工。

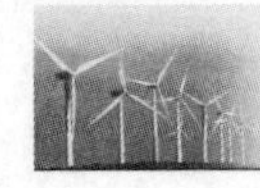

(6) 做好工具、仪表管理，严防工具、机件或其他物体遗留在设备或机舱、塔筒内；维护工作结束后，做好现场清理工作。

2. 检查内容

检查内容包括执行文件包、安全技术措施等设备检修控制文件和各类记录文件完整、正确、简明、实用。

3. 评价标准

(1) 检修过程中应严格执行文件包、安全技术措施等设备检修控制文件，填写规范。

(2) 检修过程中，应及时做好记录。记录的主要内容应包括设备技术状况、修理内容、系统和设备结构的改动、测量数据和试验结果等。所有记录应做到完整、正确、简明、实用。

(3) 严格执行检修工艺规程要求，应着重抓好设备的解体、检修和回装过程的工作。

(4) 严格按质量监督计划组织质检点验收工作；所有项目的检修施工和质量验收应实行签字责任制和质量追溯制。

(5) 严格现场劳动作业环境安全管理，检修现场坚持文明施工。

(6) 搞好工具、仪表管理，严防工具、机件或其他物体遗留在设备或机舱、塔筒内；维护工作结束后，做好现场清理工作。

4.7.3.4　修后总结

检修档案记录规范、齐全，包括设备技术状况、检修内容、设备异动、测量数据和试验结果等。检修结束后应按照分级质量验收标准进行验收，实行签字负责制。对检修工作进行分析、评价及总结。关键设备检修后应进行考核评价和后评估。

4.7.4　维护管理

4.7.4.1　管理制度制定

1. 执行要求

健全设备维护工作制度，认真执行设备维护工作制度。

2. 检查内容

(1) 企业制定设备维护保养管理制度。

(2) 设备管理部门应根据专业设备特点、设备生产厂家及规程要求，编制详细具体的设备维护保养管理标准。

(3) 设备维护保养管理标准主要包括：设备给油脂管理标准应翔实、设备定期维护标准应翔实、设备“四保持”管理标准应翔实。

(4) 设备给油脂管理标准规定设备的给油脂部位、周期、方法、油脂品种和规格

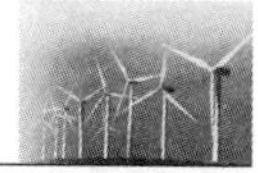

等。设备给油脂标准编制的依据，包括制造厂提供的设备图纸和说明书、国内外同类设备的实绩资料以及设备实际运行状况与环境状态等。

（5）设备定期维护标准规定定期维护的项目、内容、措施和周期。

3. 评价标准

（1）设备维护保养管理制度明确各部门、各岗位维护职责及设备维护的总体要求。

（2）定期根据设备运行情况，故障和缺陷发生规律，设备异动情况，对设备维护保养等相关标准进行修改完善。

4.7.4.2 定期维护开工前准备

组织维护人员学习并掌握维护项目的进度、技术措施、安全措施、质量标准等；劳动力、主要材料和备品备件以及生产、技术协作项目等均已落实，不会因此影响工期；施工机具、专用工具、安全用具和试验器械已经检查、试验，并合格。

4.7.4.3 维护工作执行

1. 执行要求

（1）按照设备维护保养标准制定设备维护计划。

（2）严格按照设备维护保养等管理标准要求，按规定的项目、周期、标准完成设备维护保养等工作。

2. 检查内容

（1）设备维护保养工作前办理的工作许可手续；完成后的执行情况记录。

（2）因天气、设备等原因造成无法按期进行维护保养时，未执行的记录。

（3）在维护保养工作中发现设备状况有明显变化时的汇报记录，组织异常分析，制定、落实技术方案。

（4）职能管理部门定期对维护保养工作执行情况进行检查、监督和考核的记录。

3. 评价标准

（1）设备维护保养工作前应办理工作许可手续；完成后应详细做好执行情况记录。

（2）因天气、设备等原因造成无法按期进行维护保养时，应详细记录在执行情况记录本中，待条件具备时补做该项目。

（3）在维护保养工作中发现设备状况有明显变化时应及时向相关部门汇报，组织异常分析，制定、落实技术方案。

（4）职能管理部门定期对维护保养工作执行情况进行检查、监督和考核。

4.7.5 缺陷管理

1. 执行要求

（1）建立缺陷管理标准，明确有关职责和缺陷管理流程。

（2）发现缺陷及时记录，按缺陷严重程度准确分类（设备缺陷应按照紧急、重大、一般类进行分类），缺陷执行分级管理，紧急、重大类缺陷及时上报。

（3）设备缺陷应实现闭环管理，并每月进行消缺率统计；季度消缺完成率 100%。

（4）应对设备缺陷进行定期统计分析，分析设备缺陷技术原因和管理原因，并提出防范措施，并在缺陷分析会上闭环总结。

（5）异常、障碍发生后，应根据原因分析制定防范措施，并保证防范措施逐条跟踪、落实。

（6）杜绝因防范措施执行不到位引发的重复缺陷。

2. 检查内容

（1）检查管理制度。检查缺陷记录及上报记录。

（2）检查消缺统计、分析记录。

（3）定期开展设备缺陷分析记录。

（4）检查针对性的缺陷防范措施及过程跟踪记录。

（5）检查是否有重复缺陷发生以及发生的原因。

3. 评价标准

（1）设备缺陷实行分类管理，根据缺陷的严重程度、影响程度划分不同的级别。

（2）缺陷发现及时，记录准确齐全，根据缺陷种类流程把握准确，上报记录齐全。

（3）设备缺陷应实现闭环管理，并每月进行消缺率统计；季度消缺完成率 100%。

（4）定期开展设备缺陷分析工作，对设备健康状况进行整体评价；对发生缺陷频率较高的设备，结合设备的工作原理、运行环境、检修历史等因素，对其缺陷发生的机理进行分析，并提出相应的治理整改措施，降低缺陷发生率。

（5）每次缺陷分析要对上个月治理整改措施完成情况及效果进行总结，形成闭环管理。

（6）严格落实缺陷分析所制定的整改措施。

（7）杜绝因防范措施执行不到位引发的重复缺陷。

4.7.6　可靠性管理

1. 执行要求

（1）制定本单位的可靠性管理标准、实施细则。

（2）设备可靠性管理人员应相对稳定（兼职）。

（3）对可靠性专责人员进行岗位培训。

（4）推行可靠性目标管理，将可靠性指标分解落实到生产岗位。

（5）按规定程序、在规定时间内，向集团公司、地方可靠性管理部门报送，数据

准确、无遗漏。

(6) 开展单位可靠性数据统计和分析工作，重点分析非计划停运、降出力事件及计划检修情况。

(7) 可靠性统计形成月报、年报。

2. 检查内容

(1) 可靠性管理标准、实施细则。

(2) 可靠性管理人员配置情况。

(3) 岗位培训情况。

(4) 可靠性指标分解落实到生产岗位情况。

(5) 报送情况。

(6) 数据统计和分析工作，月报、年报。

3. 评价标准

(1) 可靠性管理标准、实施细则记录完整、齐全，符合要求。

(2) 可靠性管理人员配置情况符合要求。

(3) 岗位培训情况符合要求。

(4) 可靠性指标分解落实到生产岗位，符合要求。

(5) 报送数据及时、准确、无遗漏。

(6) 数据统计和分析工作符合要求。

(7) 月报、年报符合要求。

4.7.7 技术监督

4.7.7.1 制度与标准

1. 执行要求

(1) 依据上级技术监督部门要求编制本单位技术监督管理办法和标准。

(2) 应制定各监督专业应配备的技术标准清单，并按清单配齐技术标准和有关规程。

(3) 成立技术监督领导小组，建立生产副总经理（总工程师）领导下的三级技术监督体系。

(4) 各专业设立技术监督专责工程师（兼职）。

(5) 建立技术监督告警、跟踪和整改制度。

2. 检查内容

(1) 技术监督组织体系文件和相关制度。

(2) 标准清单。

(3) 技术标准和有关规程配齐。

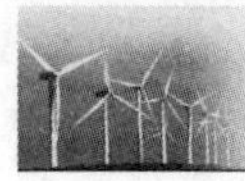

（4）公司文件。

（5）体系组成。

（6）各专业在监督体系中的负责人履职情况。

（7）专业设置情况。

（8）制度。

（9）制度执行记录。

3. 评价标准

（1）制度健全。

（2）标准完善。

（3）清单完善。

（4）标准在有效期。

（5）组织机构建立，各级职责明确，体系运转正常。

（6）履职良好。

（7）专业齐全，至少包括金属、继电保护、绝缘等主要专业。

（8）发现设备缺陷及时采取措施并跟踪落实。

（9）按技术监督要求开展工作。

4.7.7.2　定期工作

1. 执行要求

（1）年初编制下发各项技术监督工作计划（包括设备检修、预试、周期检验计划等）。

（2）严格执行技术监督计划，做好定期试验监督工作，按监督规程标准、规定周期对设备进行检测、试验，计划完成率 100%。

（3）定期对技术监督工作进行总结，按上级技术监督部门要求上报定期监督报表、试验分析报告。

（4）定期工作至少包括塔架螺栓进行定期抽检；定期检查塔架焊缝或法兰间隙；定期对塔架进行金属监督等。

2. 检查内容

检查内容包括检查技术监督年度工作计划、检查技术监督年度工作计划执行情况、检查上报的定期监督报表、试验分析报告和检查记录。

3. 评价标准

（1）监督计划要求具体、全面，符合监督规程要求，应经逐级审批。

（2）计划完成率 100%。

（3）按期报送报表和总结，内容符合实际。

（4）检查结果合格。

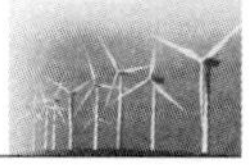

（5）对检查不合格的工作能及时跟踪处理。

4.7.7.3 资料管理

1. 执行要求

（1）技术监督工作应实行全过程管理，设备设计、制造、安装、调试、运行、检修及技术改造等电力建设和生产全过程的技术监督工作落实到位，原始档案和资料齐全，并确保其完整性和连续性。

（2）各类技术监督试验报告填写内容齐全、规范、无漏填、错填现象，格式符合标准要求并与实际相符，经逐级审核验收签字。

（3）技术监督的试验检验记录保存归档完整。

（4）技术监督发现的异常事件闭环管理资料保存齐全完整。

（5）技术监督的报表总结保存完整。

2. 检查内容

（1）检查技术监督涉及各个阶段的档案台账。

（2）检查各类技术监督试验报告。

（3）检查保存归档的记录。

（4）检查异常事件闭环管理资料。

（5）检查报表总结。

3. 评价标准

（1）设计、制造、安装、调试、运行、检修及技术改造等各个环节的技术监督工作落实到位，原始档案，技术台账记录完备。

（2）技术监督试验报告内容齐全规范并经审批流程。

（3）保存归档的记录完整、齐全，符合要求。

4.7.8 技术改造

4.7.8.1 管理制度

1. 执行要求

建立健全技改工程管理制度及相关台账。管理制度应明确各级、各部门管理职责分工，对技改项目从立项、可研、招投标管理、工程施工、费用管理、后评估等全过程管理工作进行具体规定。

2. 检查内容

检查内容包括检查本企业技改工程管理制度和相关文件要求及台账记录、检查本企业技改工程管理制度和相关文件要求。

3. 评价标准

（1）本企业技改工程管理制度健全、公布下发，并在有效期内执行。

（2）管理制度内容全面、具体，体现出制度的标准化、流程化、表单化、信息化。

4.7.8.2　技改计划

1. 执行要求

（1）编制年度技术改造工程项目计划，填写项目申请书或项目可行性研究报告。

（2）组织对技改项目可行性研究报告进行审批、落实资金。

2. 检查内容

检查内容包括检查年度技改计划、项目申请相关资料和项目可行性研究报告、技改项目可行性研究报告、本企业年度费用分解情况等，了解资金落实情况。

3. 评价标准

（1）年度技术改造工程项目计划资料齐全，立项依据充分，初步方案已明确，具备实施条件，费用已落实，项目负责人及完成时间已落实。

（2）项目可行性研究报告已审核批准。费用已落实，进入财务资金预算。

4.7.8.3　过程管理

1. 执行要求

（1）施工前编制完善的项目实施方案，方案中包含“三措”内容。对技术方案、设备采购及安装施工技术规范、安全技术措施、质量监督计划、技术监督计划等进行严格审核论证。

（2）所有工程项目必须指定项目负责人，负责对项目的全过程管理。

（3）严格按照设备技术规范进行设备的采购、监造、验收。

（4）严格按照技改项目质量监督计划要求，做好项目施工过程质量监督验收工作，履行质量验收签字手续。

（5）技改项目完工后，要做好后续技术管理工作，根据设备异动情况修编设备检修规程、运行规程等，并及时进行竣工决算。

（6）做好技术资料整理归档工作。

2. 检查内容

（1）检查施工准备阶段及施工前的相关项目管理资料；重点检查“三措”内容。

（2）检查项目负责人相关的任命或指定项目负责人的支持性文件；检查项目负责人职责要求的支持性资料。

（3）检查设备技术规范，检查设备的采购、监造、验收相关资料。

（4）检查技改项目质量监督计划；检查质量验收签字相关资料。

（5）检查设备异动（变更）资料，检查设备检修规程、运行规程、技术资料等。

（6）检查技改项目整理归档资料；检查档案管理部门技改项目归档情况。

3. 评价标准

(1) 项目实施方案经审核批准，“三措”内容全面，技术规范和监督计划经审核批准。

(2) 工程项目指定项目负责人，项目负责人对项目的全过程进行管理。

(3) 设备采购、监造、验收管理流程，符合制度要求。采购的设备符合设备技术规范要求。

(4) 质量监督计划已落实，质量验收签字手续齐全、完善。

(5) 设备检修规程、运行规程、技术资料中均已修编或补充，竣工决算及时。

(6) 技术改造项目交档案管理部门归档。归档资料齐全、完整。

4.7.8.4 总结评估

1. 执行要求

(1) 竣工 3 个月内对技改重点工程进行总结，要总结改造前后的设备性能和经济性比较等情况。

(2) 重点技改项目完成后 1 年内应对项目进行后评估，后评估内容应包括项目运营情况、技术评价、投资分析和效益分析等方面。

2. 检查内容

(1) 检查技改项目总结和项目后评价相关资料。

(2) 评价标准为总结全面，分析透彻，对后续技改项目管理工作提高和改进能起到指导作用。

(3) 总结改造前后的设备性能和经济性比较结果，有总结结论。

(4) 1 年内完成项目后评价，后评价内容全面、详尽，有评价结果。

4.7.9 生产物资

4.7.9.1 物资管理制度

按照国家的法律法规要求，建立生产物资的管理制度。检查内容为检查生产物资管理制度。评价标准为生产物资管理制度完善，制度应明确各部门关于生产物资管理的职责；制度应明确生产物资的计划、采购、验收、储备、领用等管理程序。

4.7.9.2 生产物资的采购验收程序

1. 执行要求

(1) 根据各部门需用计划，编制生产物资采购计划。

(2) 物资管理部门按照采购计划，采购生产物资，生产物资供应商为合格供应商。

(3) 建立生产物资验收程序，组织进行检验、验收后入库；一般物资的验收，由仓库保管员负责对到货物资数量及外观质量进行验收；重要设备、事故备品和技术要求高的物资，由采购人员、仓库保管员、生产技术部门和使用部门共同验收并填写

《入库验收单》。

2. 检查内容

检查内容包括检查是否对生产物资供应商进行资质审查、生产物资各部门需用计划和采购计划、检查生产物资到货验收程序。

3. 评价标准

(1) 应对生产物资供应商进行资质审查。

(2) 生产物资未合格物资。

(3) 检查生产物资到货后，应组织进行检验，验收后入库；一般物资的验收，由仓库保管员负责对到货物资数量及外观质量进行验收；重要设备、事故备品和技术要求高的物资，由采购人员、仓库保管员、生产技术部门和使用部门共同验收并填写《入库验收单》。

4.7.9.3　生产物资的保存及领用

1. 执行要求

生产物资专人分类存放保管，要求账、卡、物相符，做好日常保养。建立生产物资领用程序，建立领用记录。

2. 检查内容

检查内容包括检查库存生产物资应建账、检查生产物资的储备、检查生产物资的领用台账。

3. 评价标准

(1) 检查库存生产物资应建账，做到账、卡、物相符。

(2) 检查生产物资储备必须严格按技术规范规定存放。

(3) 检查生产物资领用时填写领用审批单。

4.7.9.4　生产物资的退库和报废

1. 执行要求

(1) 验收不合格物资应与生产物资供应商建立退货程序。

(2) 当企业生产部门领用的生产物资型号、质量不合格时，应及时履行退库手续；物资采购部门视情节，及时启动供应商退货程序。

(3) 企业建立生产物资报废标准，生产物资报废按照生产物资报废标准执行。

(4) 企业按照生产物资报废流程进行生产物资的处置。

(5) 企业外委处置生产物资，处置单位资质符合相应废弃物管理要求。

2. 检查内容

(1) 生产不合格物资退货程序及记录。

(2) 生产物资退库记录。

(3) 生产物资报废记录。

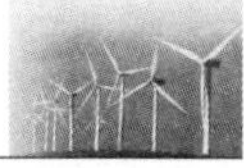

（4）生产物资报废流程及记录。

（5）生产废弃物处置单位资质。

3. 评价标准

（1）生产物资采购符合流程要求。

（2）生产物质符合生产实际要求。

（3）采购部门按照采购计划采购，不合格生产物资及时退库和退货。

（4）建立生产物资报废标准，严格报废程序执行生产物资的报废管理。

（5）生产废弃物处置符合国家环保要求。

4.7.10 设备设施安全

1. 执行要求

（1）风电机组安装工程必须使用有出厂合格证明或经检验合格的原材料和装置性材料，符合技术要求。

（2）安装过程中应用的扭矩工具，技术资料、说明书齐全。

（3）电缆安装牢固，排布整齐，确保无交叉和扭劲，标志齐全、清晰，符合要求。

（4）所有连接的螺栓完整、无损坏和变形。所有螺母已标记并紧固至最终扭矩。

（5）塔筒法兰连接正确对齐，无缺陷，安装过程中有基础塔筒底部法兰水平面水平检查记录；检查法兰紧密度，将厚 0.1mm 的测量规推入法兰内，进入深度大于 2cm。

（6）风电机组塔筒的设计、材料、工艺、防腐处理及表面防护应符合技术要求。

（7）塔筒内外侧、叶片彻底清洁。

（8）所有机柜门和面板均关闭且未损坏，照明灯和插座正常工作，电缆线安装牢固，接线盒填充防火胶泥。

（9）安全爬梯的支撑牢固，无螺丝松动现象，梯子之间的连接件连接完好，无缺少螺丝现象。安装了防坠落系统。

（10）机舱、轮毂内的各部件无损伤和缺失，联动部分有保护罩，密封板已安装且紧固。

（11）液压系统管道无泄漏；操作系统灵活、安全、可靠。

（12）塔筒底部的控制柜干净且没有缺陷，保护底部控制柜不受尘土、雨水等因素影响。

（13）塔筒间、底部塔筒和接地网的接地线连接牢固，符合要求。

（14）风电机内安装或放置逃生设备。

（15）灭火器与急救包已存放于机舱内便于接近的位置，急救包完整并符合国家要求，灭火器根据国家标准要求已获得批准。

(16) 显示系统灵活、安全、可靠。

2. 检查内容

检查内容包括检查风电机组设备台账、安装调试报告和现场检查。

(1) 检查风电机组安装工程是否有出厂合格证以及经检验合格的原材料和装置性材料，并符合技术要求。

(2) 检查安装过程中应用的扭矩工具的技术资料、说明书是否齐全。

(3) 检查电缆的安装是否牢固，其排布是否整齐、规范，标志是否齐全清晰并符合要求。

(4) 检查所有连接的螺栓是否完整、无损坏和变形。

(5) 检查塔筒法兰连接是否正确、无缺陷，安装过程中是否有基础塔筒底部法兰水平面水平检查记录；按执行要求检查法兰，其紧密度是否符合要求。

(6) 检查风电机组塔筒的设计、材料、工艺、防腐处理及表面防护是否符合技术要求。

(7) 检查塔筒内外侧是否保持清洁，无油污、无掉漆、无锈斑等；叶片表面是否干净，显示本色，无油污等。

(8) 检查所有机柜门和面板是否关闭且无损坏，照明灯和插座能否正常工作，电缆线是否安装牢固，接线盒是否填充了防火胶泥等。

(9) 检查安全爬梯的支撑是否牢固，无螺丝松动现象；梯子之间的连接件是否连接完好，无缺少螺丝现象；是否安装了防坠落系统等。

(10) 检查机舱、轮毂内的各部件是否损伤和缺失；联动部分是否有保护罩，密封板是否安装且紧固。

(11) 检查液压系统管道有无泄漏；操作系统是否灵活、安全、可靠。

(12) 检查塔筒底部的控制柜是否干净且没有缺陷；保护底部控制柜是否受尘土、雨水等因素影响。

(13) 检查塔筒间、底部塔筒和接地网的接地线是否连接牢固，符合要求。

(14) 检查风电机组内部是否安装或放置逃生设备。

(15) 检查灭火器与急救包已存放于机舱内便于接近的位置；急救包是否完整并符合国家要求，灭火器是否符合国家标准要求。

(16) 检查显示系统是否灵活、安全、可靠。

4.7.11 设备设施风险控制

4.7.11.1 电气一次设备及系统

1. 执行要求

(1) 变压器和高压并联电抗器的分接开关接触良好，有载开关及操动机构状况良

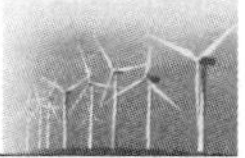

好，有载开关的油与本体油之间无渗漏问题；冷却系统（如潜油泵风扇等）运行正常无缺陷；套管及本体，散热器、储油柜等部位无渗漏油问题。

（2）高低压配电装置的系统接线和运行方式正常，开关状态标识清晰，母线及架构完好，绝缘符合要求，隔离开关、断路器、电力电缆等设备运行正常无缺陷；防误闭锁设施可靠；互感器、耦合电容器、避雷器和穿墙套管无缺陷；过电压保护装置和接地装置运行正常。

2. 检查内容

检查内容包括查阅检修、缺陷、试验记录、现场检查设备状态、查阅运行表单、现场检查设备状态。

3. 评价标准

（1）对电气一次设备缺陷进行分析，并制定措施。

（2）现场设备状态良好，无重大缺陷。

（3）电气一次设备绝缘监督指标合格。

（4）变压器和高压并联电抗器本体、套管，散热器、储油柜等部位无渗漏油。

（5）现场设备状态良好，无重大缺陷。

4.7.11.2 电气二次设备及系统

1. 执行要求

（1）继电保护及安全自动装置的配置符合要求，运行工况正常，定值应符合整定规程要求并定期进行检验；故障录波器运行正常，需定期测试技术参数的保护，按规定进行测试，测试数据和信号指示齐全正确；二次回路和投入试验正常，仪器、仪表符合技术监督要求。

（2）直流系统设备可靠性符合运行要求，蓄电池设备安全可靠；升压站与机组直流系统相互独立；直流系统各级熔断器和空气开关的定值要有专人管理，备件齐全。

（3）通信设备、电路及光缆线路的运行状况良好，电源系统正常；通信站防雷措施完善、合理。

2. 检查内容

（1）查阅检修、缺陷、试验记录。

（2）查阅保护定值单。

（3）现场检查设备状态。

（4）查阅运行表单。

（5）现场检查设备状态。

（6）查阅检验报告。

（7）现场检查设备状态。

3. 评价标准

（1）二次回路、二次设备无缺陷运行。

（2）继电保护装置及安全自动装置按规定检验，标识指示、信号指示正常。

（3）故障录波器运行正常。

（4）直流系统各级熔断器和空气开关的定值有专人管理，备件齐全。

（5）蓄电池做核对性试验正常。

（6）通信设备、电路、光缆线路及交直流电源的运行状况良好，环境符合要求。

4.7.11.3　接地网事故风险控制

1. 执行要求

（1）设备设施的接地引下线设计、施工符合要求，有关生产设备与接地网连接牢固。

（2）接地装置的焊接质量、接地试验应符合规定，各种设备与主接地网的连接可靠，扩建接地网与原接地网间应为多点连接。

（3）根据地区短路容量的变化，应校核接地装置（包括设备接地引下线）的热稳定容量，并根据短路容量的变化及接地装置的腐蚀程度对接地装置进行改造。

（4）每年进行一次接地装置引下线的导通检测工作，根据历次测量结果进行分析比较。

（5）对于高土壤电阻率地区的接地网，在接地电阻难以满足要求时，应有完善的均压及隔离措施。

（6）变压器中性点有两根与主接地网不同地点连接的接地引下线，每根接地引下线均应符合热稳定要求。

（7）重要设备及设备架构等宜有两根与主接地网不同地点连接的接地引下线，且每根接地引下线均应符合热稳定要求，连接引线应便于定期进行检查测试。

2. 检查内容

（1）检查设备设施的接地引下线设计、施工是否符合要求，有关生产设备与接地网连接情况。

（2）检查接地装置的焊接质量和接地试验记录，检查各种设备与主接地网的连接情况，扩建接地网与原接地网间的连接方式。

（3）查阅接地装置（包括设备接地引下线）的热稳定容量校核资料，检查接地装置的腐蚀程度与改造情况。

（4）检查接地装置引下线的导通检测记录与分析比较报告。

（5）检查高土壤电阻率地区的接地网采取的措施。

（6）检查变压器中性点接地引下线根数及热稳定性。

（7）检查重要设备及设备架构等与主接地网连接的接地引下线方式。

3. 评价标准

（1）设备设施的接地引下线设计、施工符合要求，有关生产设备与接地网连接牢固。

（2）接地装置的焊接质量、接地试验应符合规定，各种设备与主接地网的连接可靠，扩建接地网与原接地网间为多点连接。

（3）根据地区短路容量的变化和腐蚀程度校核，确保接地装置（包括设备接地引下线）的热稳定容量。

（4）每年进行接地装置引下线的导通检测、分析比较，确保导通良好。

（5）高土壤电阻率地区的接地网接地电阻难以满足要求时，采取完善的均压及隔离措施。

（6）变压器中性点有两根与主接地网不同地点连接的接地引下线，每根接地引下线均符合热稳定要求。

（7）重要设备及设备架构等宜采取两根与主接地网不同地点连接的均符合热稳定要求的接地引下线方式。

4.7.11.4 信息网络设备及系统风险控制

1. 执行要求

（1）信息网络设备及其系统设备可靠，安全策略符合相关要求。

（2）电力二次系统安全防护满足《电力二次系统安全防护总体方案》和《发电厂二次系统安全防护方案》，具有数据网络安全防护实施方案和网络安全隔离措施，分区合理、隔离措施完备、可靠。

（3）安全区间实现逻辑隔离，有连接的生产控制大区和管理信息大区间应安装单向横向隔离装置，并且该装置应经过国家权威机构的测试和安全认证。

2. 检查内容

检查内容包括安全策略、设计文件和现场检查。

3. 评价标准

（1）具有数据网络安全防护实施方案和网络安全隔离措施，分区合理、隔离措施完备、可靠。

（2）安全区间实现逻辑隔离，有连接的生产控制大区和管理信息大区间应安装单向横向隔离装置，并且该装置应经过国家权威机构的测试和安全认证。

4.7.12 典型风险管控

1. 执行要求

典型风险管控的执行要求内容如下：

（1）机舱火险管控的执行要求为：①机舱动火要严格执行动火工作票；②电气设

备和电气接触面发热有管控措施和风险预控；③机舱防雷接地系统始终保持良好状态，一旦有雷击，雷电流能顺利接地不至于引起发热导致火灾；④日常工作对带入机舱的易燃品应有管控措施。

（2）塔筒倒伏风险管控的执行要求为：①基建施工阶段严格执行质量管控体系的要求进行管控；②严格执行投产后定期维护塔筒之间螺栓打力矩工作；③应定期测试塔筒基础的观察点沉降量，并在正常范围内。

（3）建立登高作业安全管理规定，有关作业人员须持证上岗。

（4）登高作业使用的各类保护设备、设施、装备必须符合安全管理规定。

（5）登高作业使用的各类保护设备、设施、装备必须按规定定期检验并保留检验记录。

（6）风电机组外部直击雷保护系统检查测定，包含风电机组叶片、机舱、塔架及引下线、接地网。

（7）风电机组内部防雷保护系统检查测定，包含等电位连接、通信和电源隔离、过电压保护设备。

（8）升压站、杆塔、风电机组接地网定期检查、测试。

2. 检查内容

（1）现场检查机舱火险措施的管控是否到位。

（2）检查动火作业措施的执行情况。

（3）检查塔筒施工过程质量的管控情况是否到位。

（4）定期检查打力矩工作是否到位和规范。

（5）检查沉降观测点测试的情况是否正常。

（6）有登高作业管理规定。

（7）有工作票、工作安全性分析单。

（8）检查施工现场是否有登高工具、防护用品、隔离区域。

（9）对现场作业人员进行考问。

（10）检查风电机组塔筒、集电线路杆塔、升压站、独立避雷针、建筑物等接地电阻的合格值。

（11）检查接地导通电阻值。

（12）检查设备的测定记录。

（13）定期检查、测试数据。

3. 评价标准

（1）现场实地抽查机舱应在火险控制措施上无漏洞，各项管控措施应全面执行到位。

（2）现场抽查塔筒施工的质量管控措施的单位情况。

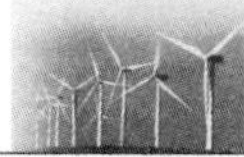

（3）现场抽查定期维护打力矩的记录情况应符合要求。

（4）现场抽查沉降观测点的检测情况是否正常。

（5）检修工作时现场安全设备和设施按要求到位。

（6）登高用具符合要求。

（7）相关人员了解并正确使用合格的安全带等安全防护用品，立体交叉作业和使用脚手架等登高作业有动火防护措施和防止落物伤人、落物损坏设备等安全防护措施。

（8）高空作业区下方应设防护遮栏或提示遮栏，挂安全标志牌；下方和周围应设置安全网；坝顶、陡坡、屋顶、悬崖、杆塔、吊桥以及其他危险的边沿工作，临空一面应装设安全网或防护栏杆。

（9）对所进行的起吊作业进行危险源辨识和风险评估，确定风险等级。

（10）各设备接地电阻的规定值符合要求。

（11）接地导通电阻值符合厂家要求值。

（12）检查测定项目及数据。

（13）定期检查、测试时间符合要求。

（14）测试数据合格。

4.8 安全运营的不安全行为控制

4.8.1 岗位规范

1. 执行要求

（1）种类齐全。

（2）明确各岗位工作任务。

（3）各岗位所需个人防护用品和工器具。

（4）明确各岗位安全管理职责。

（5）明确各岗位安全行为标准。

（6）在制定岗位规范时，应对岗位进行风险分析、评估，明确岗位所承担的常规和非常规任务，确定岗位所遵循的工作要求（包括安全规程、作业规程、操作规程等对岗位的要求），以及本单位对该岗位特定的要求。

（7）员工在各类安全生产活动中应严格执行岗位规范，包括岗位安全管理职责和安全行为标准，减少事故发生。

2. 检查内容

检查内容包括查阅员工岗位规范、查阅岗位风险分析及评估记录和核查员工岗位规范执行情况。

3. 评价标准

（1）建立健全员工岗位规范，应针对不同专业，按照不同岗位制定岗位规范，做到覆盖全面。

（2）岗位风险分析、评估应全面、系统，阐明岗位承担任务和遵循的工作要求。

（3）严格执行员岗位规范，落实安全管理职责，规范安全行为。

4.8.2　行为观察

1. 执行要求

（1）不安全行为风险分析，完成工作安全分析。

（2）编写、使用安全工作流程。

（3）制定不安全行为观察计划、安全管理及专业人员针对本专业中、高风险作业计划，定期（2 次/年）制定安全工作观察计划，建立不安全行为的管控机制，制定不安全行为考核细则。

（4）开展有计划工作的行为观察。

2. 检查内容

（1）检查岗位工作任务清单、工作安全分析，高风险工作任务。

（2）检查书面安全工作程序的使用。

（3）检查不安全行为的考核细则。

（4）检查行为观察计划。

（5）检查管理人员的工作安全观察计划。

（6）检查中、高风险作业风险预控单。

（7）检查风险预控票，安全交底记录。

（8）检查高风险工作项目的旁站记录。

3. 评价标准

（1）员工养成工作前认真分析风险的习惯，养成认真使用个人防护设备（PPE）的习惯。

（2）工作安全分析要用于检修、运行人员培训，生产预算、分析、事故调查、危害物资评估等。

（3）书面全工作程序进行批准执行。

（4）工作人员进行工作安全程序的培训。

（5）不安全行为的考核细则应明确。

（6）按照计划开展有计划工作观察，控制不安全行为。

（7）风险预控票应符合实际。

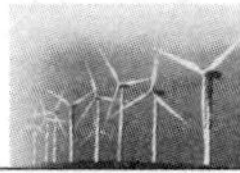

(8) 交底记录应每个人都签字。

4.8.3 行为矫正

1. 执行要求

应建立矫正员工不安全行为的规定，对观察到的违章行为和不安全状态进行分析并进行整改，改善安全工作程序。

2. 检查内容

检查内容包括矫正措施实施以及效果验证记录、不安全观察记录和整改记录和有计划工作观察问题整改的闭环。

3. 评价标准

(1) 应根据不安全行为发生的频次、范围和潜在影响，找到消除的方法，制定不安全行为矫正措施。

(2) 通过观察及预警，及时发现问题，采取措施，予以制止或纠正不安全行为，降低不安全行为的发生率。

4.9 其他要素控制

4.9.1 作业许可

1. 执行要求

(1) 必须建立动火工作票制度。

(2) 必须建立受限空间作业票制度（含风电机组机舱外或轮毂作业）。

(3) 室外变电站和线路杆塔高空作业。

2. 检查内容

检查内容包括检查动火工作票制度的执行情况、检查受限空间作业票制度的执行情况和检查高空作业作业票制度的执行情况。

3. 评价标准

(1) 在防火重点部位和禁止明火区进行动火作业，严格执行动火工作票制度，动火工作票签发人、审批人、负责人、动火执行人符合要求。

(2) 所有的受限空间工作必须执行工作票制度。

(3) 应采取特定的安全措施。

(4) 应有专人监护。

(5) 检查高空作业人员的服装要求和安全带和悬挂要求的执行情况。

4.9.2　作业环境

4.9.2.1　计划维修

1. 执行要求

计划维修即制定并执行建筑物、地面的维护计划，在制定维护计划时应考虑对环境的影响。

2. 检查内容

检查内容包括落实主要负责人、次要负责人、维修负责人和定期维护计划。

3. 评价标准

（1）每一个建筑物落实相关安全责任人，责任人知晓各自职责并执行。

（2）相关责任人根据风险辨识情况，制定检修计划，落实闭环。

（3）建筑物对安全、环境、健康的影响都得到有效辨识。

4.9.2.2　建筑物的状态

1. 执行要求

（1）结合每年春秋检对建筑物状态进行风险辨识。

（2）实施细则中要确定：①建筑物和地面管理覆盖的范围及维护的项目；②指导检查和维修后验收的建筑物和地面完好的标准；③建筑物维修计划制定部门，执行部门及相关职责；④建立维修计划表，并按照计划进行维修，保留相关记录。

（3）安全责任人必须现场查看建筑物是否符合要求。

2. 检查内容

（1）建筑、构筑物清单。

（2）建（构）筑物检查、维护记录。

（3）建（构）筑物沉降观测记录。

（4）防雷建筑物及区域的防雷装置定期检测记录。

3. 评价标准

使屋顶，天花板及假天花板，墙壁、隔墙及支柱，通道、窗框及窗纱，设备、装置及管道等保持良好状态。

4.9.2.3　地面状态

1. 执行要求

（1）执行部门要按照维护计划要求及本区域安全责任人报告问题进行有效处理。

（2）责任人要对整改问题情况进行检查及组织验收。

（3）通过适当的维护，使建筑物与地面保持良好状态。

（4）场（站）内外工作场所的井、坑、孔、洞或沟道，必须覆以与地面齐平的坚固的盖板并有明显标识。

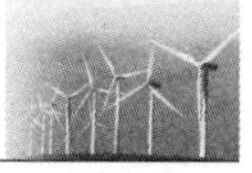

（5）生产用建筑物及道路定期进行检查和修复，各类道路是否有明显标识和警示标识。

2. 检查内容

检查内容为维护记录及验收单。

3. 评价标准

（1）所有的地面须处于安全、可靠状态。楼板、地面孔洞的栏杆、盖板、护板应齐全，临时孔洞必须有围栏、警告标识等措施。

（2）所有损坏的地面应在发现后立即修补并保持良好的状态，风电场内车道、消防通道、人行道保持畅通无障碍物。

（3）现场安装的排水系统畅通，保证地面无积水。

（4）地板、地毯、通道、升降平台以及台阶应保持清洁，无油类等遗撒的现象。

4.9.2.4 照明设备

1. 执行要求

对照明系统风险进行评估，火灾爆炸危险区照明应设置防爆型灯具、开关。

2. 检查内容

检查内容包括照明设备台账（正常和应急照明），公司风险评估报告中包含照明部分。

3. 评价标准

评价标准为现场所有照明符合要求，照明良好、安全可靠。

4.9.2.5 照明的实际状态

1. 执行要求

对正常照明及应急照明进行定期检查，对事故照明每月进行一次测试。

2. 检查内容

检查内容为照明系统的检查、测试记录。

3. 评价标准

评价标准为所有照明装置维修至良好的状态，窗户和天窗保持清洁，自然光线良好。

4.9.2.6 照明维护

1. 执行要求

确定照明设备维护责任单位和工作计划，根据检查结果进行照明设备维护。

2. 检查内容

检查内容为照明系统的维护记录。

3. 评价标准

评价标准为自缺陷报送日起，缺陷在规定时间内应处理完毕。

4.9.2.7 能见度

1. 执行要求

公司管辖道路存在转弯死角的路口需要安装反光镜，在生产现场运行、维护、检修、承包商人员应按照实际需求配置和穿戴反光防护服。

2. 检查内容

检查内容包括反光镜的维护记录和反光服的发放记录。

3. 评价标准

评价标准为提供适当的照明、反光衣、镜子以确保工人与设备能被看见。

4.9.2.8　梯子、楼梯等的状况

1. 执行要求

(1) 对梯子、平台、楼梯和脚手架进行风险辨识与评估，辨识未防护的风险点，采取防范措施，降低风险。

(2) 每年至少一次对梯子、平台、楼梯进行一次专项检查和计划维护。

(3) 安全责任人定期对所有梯子、平台、楼梯和脚手架进行检查。

(4) 对不符合要求的梯子、平台、楼梯和脚手架进行整改。

2. 检查内容

检查内容包括风险评估报告，梯子、平台、楼梯、脚手架清单和检查记录表。

3. 评价标准

现场梯子、平台、楼梯和脚手架等齐全有效，符合标准并与清单保持一致。

4.9.2.9　对梯子进行编号、登记和检查

1. 执行要求

应按要求对梯子进行登记、检查，对所有梯子（包括固定爬梯和钢制阶梯）进行编号，且编号清晰易读。

2. 检查内容

检查梯子统计清单（最新）、梯子检查及维护记录等。

3. 评价标准

评价标准为梯子编号齐全、性能完好，与清单保持一致。

4.9.2.10　为楼梯、楼梯平台、开放式平台等安装踏脚板

1. 执行要求

现场楼梯、平台应按要求安装踏脚板，并对其进行检查、维护。

2. 检查内容

检查内容包括楼梯、平台等检查维护的记录。

3. 评价标准

评价标准为现场楼梯、平台等踏脚板齐全、完整，符合标准。

4.9.2.11　楼梯

1. 执行要求

对楼梯栏杆（含 4 阶及以上）进行普查，对不符合要求的进行整改。

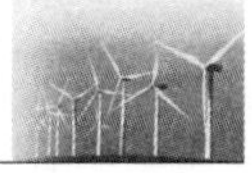

2. 检查内容

检查内容为补充、修改楼梯栏杆记录表。

3. 评价标准

评价标准为4阶及以上的楼梯必须全部安装栏杆。

4.9.2.12 其他

1. 执行要求

临时打的孔、洞工作结束后应及时恢复原状，现场打开的盖板应设临时围栏，工作结束后及时恢复原状。

2. 评价标准

评价标准为地面无灰浆、泥污、油迹时，应及时清除，沟道应有盖板。

4.9.2.13 张贴标准化的安全标记与标识、公告

1. 执行要求

应按标准要求张贴标识和公告，标识、公告清楚可见并张贴在正确位置，标识、公告符合国内或国际标准（如颜色代码）。

2. 检查内容

检查内容包括安全标识台账和现场标识补充更换记录。

3. 评价标准

（1）现场张贴标识状态良好，张贴在正确位置；生产现场名称、安全标志齐全完整；各入口处安全标志齐全完整；重点防火部位等处安全标志齐全完整。

（2）标记、标识应符合《安全标志及其使用导则》（GB 2894—2008）、《安全色》(GB 2893—2008)、《图形符号—安全色和安全标志　第1部分：工作场所和公共区域中安全标志的设计原则》(GB/T 2893.1—2004)、《消防安全标志设置要求》(GB 15630—1995)、《消防安全标志》(GB 13495—1992）等标准。

4.9.2.14 电气警告标识、公告

1. 执行要求

根据标准，在带电体及变电站附近需张贴警告标识、公告："止步""高压危险""禁止攀登""禁止跨越"等。

2. 检查内容

检查内容为防止人身触电、设备安全悬挂安全警示牌。

3. 评价标准

评价标准为在正确的位置放置相应的电气警告标识，人员了解警告标识内容。

4.9.2.15 安全警示线

1. 执行要求

在地下设施入口盖板上、灭火器存放处、通道旁边的配电室及仓库门口，标注

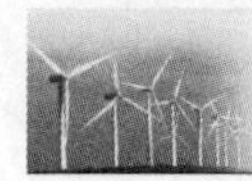

“禁止阻塞线”。

2. 检查内容

检查内容为警戒线设定规划和风险评估文件。

3. 评价标准

评价标准为警戒线配置规范要求。

4.9.2.16　安全遮拦

1. 执行要求

（1）停电检修设备和带电设备必须有明显的隔离遮栏和安全警示标识。

（2）配电室固定端带电设备和扩建端不带电设备必须有隔离遮栏和安全警示标识。

（3）临时打开的孔洞、沟盖板必须有明显的安全遮栏和安全警示标识。

2. 评价标准

评价标准为现场检查安全遮栏和安全警示标识是否齐全符合要求。

4.9.2.17　塔筒安全标识

1. 执行要求

在塔筒外应有明显的高空落物的安全警示标识，塔筒内部应有明显的符合规定的安全警示标识。

2. 评价标准

评价标准为现场检查塔筒内外安全警示标识是否齐全清晰醒目。

4.9.2.18　确定负责人

1. 执行要求

对仓库管理负责人进行书面任命，并予以相关培训。

2. 检查内容

检查内容为仓库管理负责人任命书。

3. 评价标准

评价标准为委派有能力、有经验的人员进行仓库管理工作。

4.9.2.19　摆放整洁，稳固且受控制

1. 执行要求

（1）物资库房按照物资性质进行划分和摆放物品，根据储存物料的性质，采取防泄漏、防晒、防潮措施，设置物料名称等信息牌。

（2）特品的取用是在监督下进行。

（3）定期检查物品摆放整洁。

（4）应制定现场物料的储存标准。

2. 检查内容

检查内容包括库房检查记录和库存物资台账。

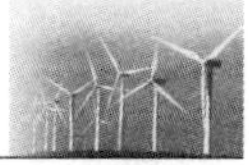

3. 评价标准

(1) 符合《易燃易爆性商品储藏养护技术条件》(GB 17914—1999)。

(2) 符合《腐蚀性商品储藏养护技术条件》(GB 17915—1999)。

(3) 符合《毒害性商品储藏养护技术条件》(GB 17916—1999)。

(4) 符合《钢货架结构设计规范》(CECS 23:1990) 等标准要求。

4.9.2.20 仓储:储物柜,物架的露天表面整洁与干净

1. 执行要求

每月应对仓储进行一次检查和维护,物品需按照分类、分库、分区存放在指定的位置,并设隔离措施和防护地面的措施。

2. 检查内容

检查内容包括库房区域分布图和库房卫生检查记录。

3. 评价标准

(1) 储物柜,物架,支架整洁与干净。

(2) 物品的放置无危险性。

(3) 在高处的物品放置稳固。

(4) 符合《仓库防火安全管理规则》(公安部令第6号)和《电业安全工作规程 第1部分:热力和机械》(GB 26164.1—2010),库区、库房防火防爆管理要求。

4.9.3 职业健康

4.9.3.1 职业健康组织

1. 执行要求

成立分管职业健康管理机构和明确职业健康相关部门及岗位职责,并配备专职或者兼职的职业健康专业人员。

2. 检查内容

企业发布职业健康体系的相关告知文件、职业健康相关部门岗位职责书、企业专职或兼职的职业健康管理人员岗位职责书。

3. 评价标准

建立符合国家规定要求的职业健康管理机构并配置相关设施、人员,能够进行24小时服务,一旦有情况发生能够有效处置;设置符合国家相关规定的职业健康管理人员,并行使职责。

4.9.3.2 职业安全健康防治计划

1. 执行要求

编制年度职业病防治计划和实施方案。

2. 检查内容

检查内容为企业职业病防治计划和实施方案。

3. 评价标准

制定符合本企业实际情况的职业病防治计划，并有效的实施开展。

4.9.3.3　劳动者职业安全健康管理

1. 执行要求

（1）企业每年对接触职业危害因素的职工进行职业健康体检一次（如长期爬塔筒对膝关节等造成的危害等）。

（2）企业对新入职及离岗的员工要及时进行岗前/离岗职业健康体检，保证符合国家相关规定。

（3）企业选择职业健康体检医疗机构应符合国家/地方相关规定，并在资质合格的单位进行。

（4）企业应按照国家相关规定建立企业接触有害作业职工的个人职业健康监护档案。

（5）职业健康体检原始档案保存完好，作为职业病诊断的依据。

（6）企业所有接触职业危害因素的职工每人一档，统一保管。

（7）发生或者可能发生急性职业病危害事故时，用人单位应当立即采取应急救援和控制措施。

（8）在劳动合同中明确职业危害及其后果、防护等内容。

（9）新员工及承包商入厂安全教育时要有职业健康防护的内容。

（10）在企业存在职业危害的场所设置职业健康告知说明。

（11）对职业健康有害因素检测数值要及时更新并公示。

2. 检查内容

（1）当年新入职及离岗人员岗前、离岗的职业健康体检报告。

（2）职业健康体检医疗机构资质。

（3）企业职业健康档案。

（4）抽查 3～5 名各部门员工职业健康档案。

（5）企业职业病记录。

（6）职业病上报记录。

（7）劳动合同范本。

（8）安全教育单。

（9）现场检查职业健康告知栏放置位置及内容。

3. 评价标准

（1）企业应按照国家规定组织上岗前、在岗期间和离岗时的职业健康检查，并将

检查结果如实告知劳动者。

（2）企业职业健康体检应到具有符合国家相关规定的医疗卫生机构进行。

（3）企业应当为劳动者建立职业健康监护档案，并按照规定的期限妥善保存。

（4）职业健康监护档案应当包括劳动者的职业史、职业病危害接触史、职业健康检查结果和职业病诊疗等有关个人健康资料。

（5）企业必须对疑似或有职业病的员工及时救治及上报上级、地方相关部门，保留上报记录。

（6）企业对可能发生职业病的情况要制定有效的管控措施。

（7）企业与从业人员订立劳动合同时，应将工作过程中可能产生的职业危害及其后果和防护措施如实告知从业人员，并在劳动合同中写明。

（8）对存在严重职业危害的作业岗位，应按照标准的相关要求设置警示标识和警示说明。警示说明应载明职业危害的种类、后果、预防和应急救治措施。

4.9.3.4 作业环境职业安全健康管理

1. 执行要求

（1）企业按照国家相关规定满足新建、改造、扩建等职业病防护“三同时”要求。

（2）职业病防护设施应满足现场实际需要。

（3）企业每年要进行一次职业有害因素检测及评价。

（4）要选择符合国家相关规定并具有合格资质的检测单位。

（5）企业要加强日常监测，及时公布检测结果，并对不合格项目进行整改。

2. 检查内容

（1）企业新建、改造、扩建等职业病防护“三同时”相关文件。

（2）现场检查。

（3）查看企业当年的职业病危害因素监测报告。

（4）查看不合格项目整改情况记录。

（5）查看职业病危害因素检测、评价机构资质。

3. 评价标准

（1）企业应严格执行《工业企业设计卫生标准》（GBZ 1—2010），劳动安全和工业卫生设施必须与主体工程同时设计、同时审批、同时竣工、同时验收和投产使用。

（2）每年组织进行职业危害因素监测及评价工作，对查出的问题及时进行整改治理。

（3）职业病危害因素检测、评价由符合国家相关规定合格资质认证的职业卫生技术服务机构进行。

（4）应明确影响员工和居民正常生活的高噪音等区域，并经有资质的单位定期进行监测；监测不合格的，应采取措施。

（5）企业应按规定，及时、如实向当地主管部门申报生产过程存在的职业危害因素，并依法接受其监督。

4.9.3.5　评价与改进

1. 执行要求

（1）企业每年年底前要总结全年职业安全健康管理工作，并制定下年度工作管控计划。

（2）企业每3年按照国家规定资质合格的单位对企业进行职业健康现状评价并出具报告。

（3）按国家相关要求报送相关地方安全监督管理局备案。

2. 检查内容

查看企业年度总结报告中的职业健康部分、职业健康现状评价报告和备案回执单等。

3. 评价标准

（1）企业每年对职业安全健康管理工作、劳动者职业健康检查结果等进行评价总结，报告要真实反映企业实际状况。

（2）企业职业健康现状评价要真实反映实际状况。

（3）要保留地方安全监督管理局备案的回执。

4.9.4　个人防护用品

1. 执行要求

（1）企业每年制定个人保护用品采购计划。

（2）企业应对个人防护用品采购、储存、发放建立相关管控制度。

（3）企业建立完善的个人防护用品发放台账。

（4）企业采购的特殊劳动防护用品应符合国家相关规定，选用资质合格的厂家。

（5）企业应建立个人防护用品使用监督机制，规范职工正确使用个人防护用品。

2. 检查内容

（1）个人防护用品采购计划。

（2）个人防护用品管理制度。

（3）个人防护用品发放台账。

（4）个人防护用品验收记录。

（5）查看特殊劳保相关资质文件。

（6）现场检查。

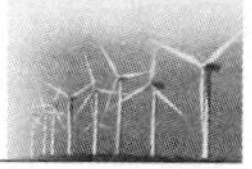

3. 评价标准

(1) 企业职业健康管理机构应制定个人防护用品发放标准和采购计划，并经安全监督部门和有关费用管理部门审核。

(2) 企业个人防护用品采购部门应根据计划进行采购、储存与发放，并建立“职工个人用品发放台账”。

(3) 安全监督部门应对采购的特殊劳动保护用品是否符合国家相关规定进行确认。

(4) 部门（场站）应监督工作人员正确使用个人防护用品。

4.9.5 变更

1. 执行要求

(1) 制定变更管理制度，严格履行设备、系统或有关事项变更的审批程序。

(2) 对机构、人员、工艺、技术、设备设施、作业过程和环境发生永久性或暂时性变化时进行控制。

(3) 对变更以及执行变更过程中可能产生的隐患进行分析和控制。

(4) 对设备变更后的从业人员进行专门的教育和培训。

(5) 对变更后的设备进行专门的验收和评估。

2. 检查内容

(1) 检查变更管理制度。

(2) 检查设备、系统或有关事项变更的审批程序文件。

(3) 检查永久性或暂时性变更计划。

(4) 检查永久性或暂时性变更记录。

(5) 检查设备变更后专门的教育和培训记录。

(6) 检查变更后的设备专门的验收和评估报告。

3. 评价标准

(1) 建立健全变更管理制度，确保其充分性、适宜性和有效性。

(2) 永久性或暂时性变更计划应翔实、周密。

(3) 永久性或暂时性变更工作应及时完成、闭环管理、动态跟踪、有效控制。

(4) 设备变更后专门的教育和培训应及时、到位。

(5) 变更后的设备专门的验收和评估报告全面、客观。

4.9.6 消防

4.9.6.1 机构设立与职责分工

1. 执行要求

(1) 子（分）公司成立防火安全委员会，下设防火办公室，风电场应有消防组织机构。

（2）有关职能部门设专职消防管理人员。

（3）企业应建立各级人员防火责任制。

2. 检查内容

检查内容包括检查是否成立了防火安全委员会及相关文件，检查各级人员防火责任制文件，检查责任分工情况。

3. 评价标准

（1）组织机构健全。

（2）人员配备到位。

（3）明确各部门分工和现场消防设施定期检查和维护管理专责人。

4.9.6.2　防火重点部位管理

1. 执行要求

（1）明确防火重点部位。

（2）防火重点部位或场所有明显标志，并落实防火重点部位消防措施。

（3）防火重点部位或场所建立防火检查制度。

（4）在防火重点部位和禁止明火区进行动火作业，严格执行动火工作票制度，动火工作票签发人、审批人、负责人、动火执行人应符合应聘要求。

2. 检查内容

（1）检查企业重点防火部位清单。

（2）检查防火重点部位的安全标志，防火责任人及消防措施落实情况。

（3）检查防火检查制度是否制定，以及制度执行情况和效果。

（4）检查动火工作票制度是否制定，并有效执行。

（5）抽查动火工作票，检查票面及措施是否合格。

3. 评价标准

（1）建立企业重点防火部位档案。

（2）重点防火部位及场所标识齐全清晰。

（3）防火检查制度执行有效。

（4）严禁无票动火作业；动火执行过程，消防安全措施执行到位。

4.9.6.3　消防设施管理

1. 执行要求

（1）现场消防设施应定期进行检查和维护管理。

（2）应建立报警装置和自动灭火装置配置清单，进行定期检查、试验，记录完整。

（3）建立消防器材配置台账，并进行定期检查和试验。

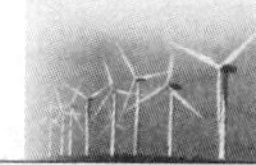

2. 检查内容

(1) 检查是否制定消防设施定期检查、维护标准。

(2) 现场检查消防设施检查记录。

(3) 检查报警装置和自动灭火装置配置台账。

(4) 检查消防器材配置台账。

(5) 定期检查和记录。

3. 评价标准

(1) 保证设施完好可用。

(2) 配置清单齐全，定期进行试验，确保设施好用。

(3) 按要求进行检查和试验工作，发现问题及时处理。

4.9.7 特种设备

4.9.7.1 组织机构与人员

1. 执行要求

(1) 成立特种设备安全监督管理委员会（即组织机构）和特种设备安全监督网，明确特种设备安全管理的责任部门及成员。

(2) 特种设备管理人员和作业人员必须经取得地、市级以上质量技术监督行政部门颁发的特种设备作业人员资格证书后，方可上岗（特种设备指涉及生命安全，危险性较大的锅炉、压力容器、压力管道、电梯、起重机械、厂内专用机动车辆）。

2. 检查内容

检查内容包括查阅成立组织机构的发布文件和特种设备安全监督网网络图。

3. 评价标准

设立组织机构应合理、规范，调整时应及时更新，建立健全特种设备安全监督网，做到覆盖全面。

4.9.7.2 制度规程制定

1. 执行要求

(1) 制定特种设备安全责任制，明确各职能部门、各岗位安全责任。

(2) 制定特种设备管理规章制度，包括特种设备维护保养管理制度、各特种设备专项管理制度、特种设备事故应急救援制度、特种设备安全培训制度、特种设备节能管理制度等。

(3) 根据特种设备种类以及法规、安全技术规范的要求，编制特种设备安全操作规程。

2. 检查内容

检查内容包括查阅特种设备安全责任制、特种设备管理规章制度和特种设备安全操作规程。

3. 评价标准

(1) 建立健全特种设备安全责任制，各职能部门、各岗位安全责任应明确、具体。

(2) 建立健全特种设备管理规章制度，确保其充分性、适宜性和有效性。

(3) 建立健全特种设备安全操作规程，应具有针对性和可操作性。

4.9.7.3　验收及使用许可

1. 执行要求

(1) 特种设备使用前，应组织验收，并保存相关文件。

(2) 特种设备停用、注销、过户、迁移、重新启用，应到质监部门办理相关手续。

(3) 逐台建立特种设备安全技术档案符合安全技术规范要求的特种设备安全技术档案。

2. 检查内容

(1) 检查特种设备设计文件、产品质量合格证明、安装及使用维修说明、监督检验证明等文件。

(2) 检查特种设备注册登记证明文件。

(3) 检查特种设备检验检测机构资质证明文件。

(4) 检查特种设备检验合格报告。

(5) 检查办理特种设备停用、注销、过户、迁移、重新启用的相关手续文件。

(6) 检查特种设备安全技术档案，包括：设计文件、制造单位、产品质量合格证明、使用维护说明及安装技术文件；定期检查和自行检查时的记录；日常使用状况记录；日常维护保养记录；运行故障及事故记录等。

3. 评价标准

(1) 特种设备使用前的验收按规定要求实施；验收文件应齐全、有效，并符合安全技术规范要求，做到妥善保存。

(2) 特种设备登记应及时、规范，并经检验合格，方可投入使用。

(3) 安全检验合格标志应可靠固定在特种设备显著位置上。

(4) 办理特种设备停用、注销、过户、迁移、重新启用等相关手续文件应齐全、规范、有效。

(5) 建立健全特种设备安全技术档案，并及时完善和更新。

(6) 各种文件资料应齐全、有效，并妥善保存。

(7) 各种记录应及时、规范、完整，做到保持清晰、易于识别和检索。

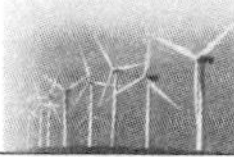

4.9.8 工器具

1. 执行要求

（1）根据生产工作性质与可能的危害，识别各岗位防止危害所需要使用的工器具，评估工器具在保管、运输、使用过程中存在的安全风险，制定相应的防范措施。

（2）建立工器具的登记使用管理台账并分类编号，实物与台账的编号要一致。

（3）为作业人员配备符合岗位作业要求的工器具并进行培训，保证作业人员学会正确使用工器具。

（4）按照有关规定做好工器具定期检查及检验，并做好记录。

（5）经检验不合格的工器具应严格执行报废制度进行报废，并在相应台账上进行标明，注明“不合格或报废”字样。

（6）使用合格的工器具，确保其处于完好状态。

（7）作业人员使用过程中应严格执行使用规程，正确操作。

（8）工器具的储存应整齐、规范，置于合适的位置如工具架、工具箱内，便于拿取，做好工器具入库和领用时检查记录。

2. 检查内容

（1）检查工器具完好标准、使用规程和管理制度。

（2）检查工器具风险辨识与评估清单。

（3）检查工器具的登记使用管理台账。

（4）检查工器具培训记录。

（5）检查工器具定期检查及检验记录。

（6）现场检查工器具使用情况。

（7）实地核查工器具储存情况。

（8）检查工器具入库和领用时检查记录。

3. 评价标准

（1）建立健全工器具完好标准、使用规程和管理制度，确保其充分性、适宜性和有效性。

（2）工器具风险辨识与评估应全面、系统。

（3）建立健全工器具的登记使用管理台账，分类编号清晰、账与物应相符。

（4）作业人员的工器具配备齐全并符合要求；培训全面到位，有实效。

（5）工器具定期检查及检验应按时、有效，符合并执行相关要求；记录应及时、规范、完整、易于识别和检索。

（6）工器具使用前检查应全面、认真，使用合格的工器具，保证始终处于完好状态。

（7）作业人员应严格按照相关标准正确执行、规范操作。

（8）工器具的储存应符合相关标准要求，工器具入库和领用时应认真检查并登记，记录应及时、完整、规范。

4.9.9　危险物品与废料

4.9.9.1　制度规程制定

制定危险物品安全管理规章制度，明确管理目标、职责分工、控制程序、储存程序、使用程序、处理程序和管理要求。

4.9.9.2　库存管理

1. 执行要求

（1）建立危险物品库存清单，明确最高储存量，存储符合标准要求。

（2）危险物品专用仓库应由专人负责管理，实行危险物品出入库核查登记，做到账物相符，并配备化学品安全技术说明书和化学品安全标签，做到及时发放和醒目张贴。

（3）对于剧毒化学品以及储存数量构成重大危险源的其他危险物品，应单独存放在危险物品专用仓库内，并实行双人收发、双人保管制度。

（4）危险物品专用仓库应符合标准的要求，并设置明显的标志；对危险物品专用仓库的安全设施、设备应定期进行检测、检验。

（5）储存危险物品的企业，应当委托具备国家规定的资质条件的机构，对本企业的安全生产条件每 3 年进行一次安全评价，并形成安全评价报告。

2. 检查内容

（1）检查危险物品库存清单。

（2）检查危险物品禁忌物清单。

（3）检查危险物品月度盘库清单。

（4）检查废弃物清单、处理程序、处理记录。

3. 评价标准

（1）各类清单罗列应规范、完整、准确。

（2）各种记录应保持清晰、易于识别和检索。

（3）危险物品出入库核查登记记录应及时、准确、完整。

（4）化学品安全技术说明书应齐全、规范、相符，并及时发放。

4.9.9.3　使用管理

1. 执行要求

（1）危险物品作业场所应采取必要的安全措施，使用人员应采取正确的安全防护措施。

（2）企业对内部危险物品运输单位及人员应按照要求进行培训、考核，取得规定要求的资质。

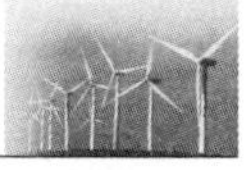

(3) 危险物品使用人员应经过培训，考试合格后持证上岗。

(4) 危险物品使用及回收须由部门领导签字。

(5) 危险物品单位应制定本单位危险物品事故应急预案，配备应急救援人员和必要的应急救援器材、设备，定期组织应急救援演练，并按规定要求将应急预案报送有关主管部门备案。

2. 检查内容

(1) 现场检查危险物品作业场所安全措施设置情况，如通风、屏蔽和闭锁等。

(2) 现场检查危险物品使用人员的安全防护措施的执行情况。

(3) 检查内部危险物品运输单位及人员培训和考核记录。

(4) 检查内部危险物品运输单位及人员资质证明文件。

(5) 检查应急预案报送备案记录。

3. 评价标准

(1) 危险物品作业场所安全措施设置应合理、可靠、完善。

(2) 危险物品使用人员的安全防护措施应正确、齐全、规范。

(3) 内部危险物品运输单位及人员培训和考核记录应及时、清晰、完整。

(4) 内部危险物品运输单位及人员资质证书齐全、有效，适用范围符合规定要求。

4.9.9.4 废料管理

1. 执行要求

应识别废料种类、数量及相关风险，制定废料控制方案对废料进行有效管理。

2. 检查内容

检查内容为危害废料处理信息。

3. 评价标准

评价标准为废料控制方案应对废料的分类、存放、警示、清理、运输以及处理做出规定，并落实到现场。

4.9.10 重大危险源

4.9.10.1 辨识与评估

1. 执行要求

(1) 企业应组织对生产系统和作业活动中的各种危险、有害因素可能产生的后果进行全面辨识。

(2) 企业应对使用新材料、新工艺、新设备以及设备、系统技术改造可能产生的后果进行危害辨识。

(3) 企业应按《危险化学品重大危险源辨识》（GB 18218—2018）等国家标准，开展重大危险源辨识与评估，制定重大危险源的管理措施、技术措施、应急预案和相

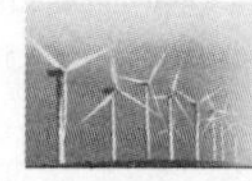

关管理制度。

2. 检查内容

（1）检查危害因素和危险源清单。

（2）检查重大危险源清单。

（3）检查重大危险源的管理措施、技术措施、应急预案和相关管理制度。

3. 评价标准

（1）危害因素和危险源辨识应全面、系统。

（2）重大危险源辨识与评估应科学、完整、准确，符合相关要求。

（3）建立健全重大危险源的管理措施、技术措施、应急预案和相关管理制度，确保其充分性、适宜性和有效性。

4.9.10.2　登记建档与备案

1. 执行要求

企业应当按规定对重大危险源登记建档，进行定期检查、检测。应将本单位重大危险源的名称、地点、性质和可能造成的危害及有关安全措施、应急救援预案报有关部门备案。

2. 检查内容

（1）检查重大危险源档案。

（2）检查重大危险源定期检查及检测记录。

（3）检查重大危险源的相关资料备案记录。

3. 评价标准

（1）建立健全重大危险源档案，并及时完善和更新。

（2）重大危险源应定期检查、检测，记录应及时、规范、完整，做到清晰、易于识别和检索。

（3）按规定要求将重大危险源的相关资料及时备案。

4.9.10.3　监控与管理

1. 执行要求

企业应采取有效的技术和设备及装置对重大危险源实施监控，加强重大危险源存储、使用、装卸、运输等过程管理，落实有效的管理措施和技术措施。

2. 检查内容

（1）核查重大危险源监控情况。

（2）检查重大危险源存储、使用、装卸、运输等过程管理情况。

（3）实地核查对重大危险源的管理措施和技术措施的落实情况。

3. 评价标准

（1）重大危险源监控应有效、到位。

（2）重大危险源存储、使用、装卸、运输等应做到全过程、全方位管理，并符合相关规定要求。

（3）重大危险源的管理措施和技术措施应落实到位。

4.9.11 节能与环保

4.9.11.1 组织机构设立并运转有效

1. 执行要求

（1）应成立以单位负责人为组长的环境保护工作小组，设兼职环境监测员。

（2）应定期分析讨论环保问题，传达上级有关文件精神。

2. 检查内容

检查环境保护工作小组成立的文件及组织结构和活动记录及学习文件。

3. 评价标准

（1）应以正式文件下发成立机构，明确职责和组织架构。

（2）明确组织成员的职责。

（3）定期组织学习和宣传活动。

（4）活动有记录。

4.9.11.2 管理制度制定

1. 执行要求

（1）单位应建立健全环境保护管理制度。

（2）所执行法律、法规、规定、政策、制度、标准是现行有效的。

（3）制定废油回收处理管理制度，明确场内废油回收及处理程序，严禁废油外泄，污染环境。

（4）制定废旧物资回收处理管理制度，明确废旧物资的全过程管理程序，避免废旧物资形成垃圾。

（5）制定生活垃圾和生活污水的处置和排放管理制度。

2. 检查内容

（1）检查节能与环保相关制度是否与上级的制度相抵触、是否与单位实际相符。

（2）制定好废油回收制度并严格落实。

（3）对废旧物资的回收处理符合节能和环保要求。

3. 评价标准

（1）制定节能和环境保护制度。

（2）制度既要满足上级要求，又要与自身实际相一致。

（3）废油回收符合要求。

（4）废旧物资回收制度符合节能和环保要求。

4.9.11.3　环境监测

1. 执行要求

（1）制定环境监测质量保证制度，保证监测数据科学合理、正确有效。

（2）定期开展环境监测工作，监测项目及周期符合有关规定，监测数据科学合理、正确有效。

（3）各种报告报表、计划总结、环境监测数据等上报及时。

2. 检查内容

检查内容包括明确监测人员职责、资格以及相关试验室、仪器及环境条件，还有检测组织及技术措施、测试审核程序等。

3. 评价标准

制度符合实际且制度要求全面。

4.9.11.4　环保设施管理

1. 执行要求

通过实行污水处理及废油处理等措施加强污水排放治理。

2. 检查内容

检查内容为对环境监测资料进行检查。

3. 评价标准

评价标准为要求各项监测资料齐全完整。

4.9.11.5　环境污染事故

1. 检查内容

检查内容包括污水、废油处理设施和运行记录，查阅事故记录。

2. 评价标准

评价标准为使各项环保指标满足国家和地方排放标准的要求，不发生污染事故和环境污染赔款。

4.9.12　交通安全

1. 执行要求

（1）建立驾驶员、车辆档案。

（2）驾驶员培训与准驾。定期组织驾驶员进行安全技术培训，认真落实“准驾证”制度。

（3）车辆维护与保养。车辆必须按车辆管理机关规定期限接受检验，未按规定检验或检验不合格的，不准行驶。

（4）定期开展交通专项安全检查。

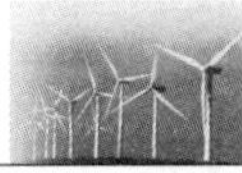

(5) 检查发现的问题列入整改计划。

(6) 企业按规定在管辖范围内设立交通安全设施、安全标志。

2. 检查内容

(1) 驾驶员、车辆档案。

(2) 检查定期学习记录。

(3) 检查驾驶员管理制度，有无准驾手续、是否执行派车单制度。

(4) 车辆检验记录资料。

(5) 车辆维护保养记录及检查记录。

(6) 车辆报废记录文件。

(7) 查阅专项检查通报或记录。

(8) 检查整改计划及完成情况。

(9) 现场检查道口的防护设施是否齐全；路基、保坡是否符合要求。

(10) 现场检查限速、限高标志等。

3. 评价标准

(1) 台账齐全，并及时更新，与实际相符。

(2) 每年应定期对驾驶员进行职业道德教育和专业驾驶技术培训，并进行考核。

(3) 凡未经资格认定的人员，严禁驾驶公务车辆。

(4) 机动车的维修、保养要按专业技术规范执行，并做好记录存档。

(5) 机动车要按照国家规定按期报废，不得使用已经报废的车辆。

(6) 定期组织检查，发现问题应制定整改计划。

(7) 列入当年计划的检查，完成率和闭环率应达到100%。

(8) 路口、转弯处应设限速标志；转弯处如视线不清，设置凸镜；路基、边坡按要求设置。

4.9.13 安保

1. 执行要求

(1) 企业应设立治安保卫机构，制定治安保卫、巡逻、现场出入管理等制度。

(2) 完善监控系统管理。

(3) 根据电力行业反恐怖要求各风电场应有反恐应急预案和严密的组织机构，并和当地公安武警形成联防机制。

(4) 反恐应急预案应进行过相应的演习。

2. 检查内容

(1) 检查企业治安保卫责任制、出入管理等制度。

（2）现场检查制度执行情况。

（3）监控系统的设置。

（4）现场检查监控录像资料是否齐全、清晰。

（5）反恐应急预案和组织机构。

3. 评价标准

（1）机构健全并按制度要求严格履职，日常管理工作规范化、标准化。

（2）大门、重要生产区域、要害部位建立监控系统，监控资料应齐全、清晰。

（3）反恐应急预案和组织机构应符合实际要求。

（4）演习记录真实反映实况。

4.10　风电场协作单位安全管理

4.10.1　承包商

4.10.1.1　承包商选择

1. 执行要求

（1）企业应建立承包商、供应商等相关方安全管理制度，内容至少包括资格预审、选择、服务前准备、作业过程、提供的产品、技术服务、表现评估、续用等。

（2）企业应确认相关方具有相应安全生产资质，审查相关方是否具备安全生产条件和作业任务要求。

2. 检查内容

（1）承包商管理制度。

（2）检查企业是否对外包工程进行资质审查资料。

（3）承包商名录和档案。

3. 评价标准

（1）企业建立完善的承包商管理制度，并严格执行。

（2）企业必须对承包方的资质和条件进行审查。

（3）建立合格相关方名录和档案。

4.10.1.2　外包工程的开工管理

1. 执行要求

（1）企业应对承包单位施工负责人、工程技术人员及全体施工人员进行安全知识及规程考试。

（2）应对承包单位负责人和工程技术人员进行工程项目的整体安全技术交底。

（3）有危险性的发电生产区域工作或工程项目，对承包单位应进行专门的安全技术交底，要求承包单位对危险区域和项目进行危险点分析，制定安全措施；经承包方安全技术负责人批准的工程项目，报发包单位安全监督部门、生产技术部门审核同意后监督实施。

（4）外包（委）工程项目应签订安全责任合同或安全管理协议，明确各方应承担的安全责任。

（5）承包方应在现场工程开工前应办理开工许可手续。

2. 检查内容

（1）检查企业对外包工程的相关人员进行考试的记录。

（2）检查安全交底资料。

（3）检查承包单位对危险区域和项目危险点分析，制定的安全措施。

（4）检查外包（委）工程项目安全协议。

（5）检查外包（委）工程项目开工手续。

（6）检查安全协议和风险抵押金。

3. 评价标准

（1）企业对承包单位施工负责人、工程技术人员及全体施工人员进行安全知识及规程考试合格后方可参加施工作业。

（2）对承包单位负责人和工程技术人员进行工程项目的整体安全技术交底。

（3）有危险性的发电生产区域工作或工程项目，对承包单位要求进行专门的安全技术交底，承包单位对危险区域和项目进行危险点分析，制定安全措施，经承包方安全技术负责人批准，报发包单位安全监督部门、生产技术部门审核同意后监督实施。

（4）外包（委）工程项目应签订安全责任合同或安全管理协议。

（5）承包方在现场工程开工前应办理开工许可手续。

4.10.1.3 外来用工管理

1. 执行要求

（1）企业外来用工上岗前，必须经过安全生产知识和安全生产规程的培训，考试合格后持证上岗。

（2）外来用工必须体检合格，并有相应作业的技能和上岗证书，不得有职业禁忌症。

（3）外来用工不得在主业核定的岗位上岗。

（4）外来用工从事有危险的工作时，必须在有经验的职工带领和监护下进行。

2. 检查内容

检查内容包括外来用工是否有安全培训记录、体检报告、上岗证书、合同和外来用工的监护人。

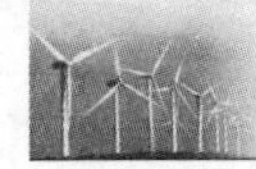

3. 评价标准

(1) 确保企业外来用工上岗前，经过安全生产知识和安全生产规程的培训，考试合格后持证上岗。

(2) 确保外来用工体检合格，并有相应作业的技能和上岗证书，不得有职业禁忌症。

(3) 确保外来用工不得在主业核定的岗位上岗。

(4) 确保外来用工从事有危险的工作时，由有经验的职工带领和监护下进行。

4.10.2 供方（服务方）

1. 执行要求

企业应针对采购的货物、设备和服务中所确定的危险源，对供方和承包方实施和保持必要的控制措施。检查内容包括检查供方选择过程材料、控制措施的制定和落实。

2. 评价标准

(1) 供方和承包方的评价和选择。

(2) 采购信息的沟通。

(3) 采购过程的控制。

(4) 采购的验证。

(5) 供方的重新评价和选择。

(6) 服务方现场作业方案及控制措施。

(7) 服务方人员的安全培训、考核、评价。

4.10.3 访问者

1. 执行要求

企业应针对进入工作场所访问者的活动实施和保持必要的控制措施，以确保他们符合企业的风险预控管理体系要求。对进入工作场所的访问者的控制措施至少包括：准入、登记标注、告知、培训、安全隔离、个人防护用品的佩戴、陪同、监督、现场危险信息的标识。

2. 检查内容

检查内容包括访问者入场、离场的登记记录和现场标识，个人防护用品的佩戴等。

3. 评价标准

评价标准为访问者进入生产或参观区域要遵守各项安全规定，确保访问者和设备的安全。

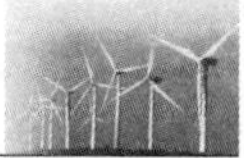

4.10.4 合同管理与履约评价

1. 执行要求

企业应对承包商和供方实行动态管理，采取激励和处罚措施，对所用承包商和供方进行安全管控能力、合同履约能力等评价，并向所属单位和承包商与供方通报评价结果。

2. 检查内容

(1) 承包商和供方评价制度。

(2) 检查承包商和供方评价结果。

(3) 合格承包商和供方名录。

3. 评价标准

(1) 企业对承包商和供方实行动态管理，采取激励和处罚措施。

(2) 在项目竣工或服务结束后，对所用承包商和供方进行一次安全管控能力、合同履约能力等评价。

4.11 运营中的隐患和事件

4.11.1 隐患控制

4.11.1.1 隐患制度

1. 执行要求

(1) 制定隐患排查治理制度，界定隐患分级、分类标准，明确“查找→评估→报告→治理（控制)→验收→销号”的闭环管理流程。

(2) 每季、每年对本单位事故隐患排查治理情况进行统计分析，并按要求及时报送上级单位、电力监管机构。

(3) 统计分析表应当由主要负责人签字。

2. 检查内容

(1) 检查隐患排查治理制度。

(2) 检查隐患分级、分类标准。

(3) 检查隐患排查治理闭环管理流程。

(4) 检查定期统计分析记录。

(5) 检查季度、年度统计分析表。

3. 评价标准

(1) 建立健全隐患排查治理制度，确保其充分性、适宜性和有效性。

（2）隐患分级、分类标准界定应清晰。

（3）隐患排查治理闭环管理流程应明确、完整。

（4）统计分析应及时、准确、全面。

（5）签字应齐全、真实、规范。

4.11.1.2　隐患排查

1. 执行要求

（1）制定隐患排查治理方案，明确排查的目的、范围和排查方法，落实责任人。

（2）结合安全检查、安全性评价工作，定期、不定期组织进行隐患排查活动，实现隐患动态管理。

（3）隐患排查治理工作覆盖所有生产经营活动。

（4）对排查出的隐患要确定等级并登记建档。

（5）制定事故隐患报告和举报奖励制度，对发现、排除和举报事故隐患的人员，应当给予表彰和奖励，并做好记录。

2. 检查内容

（1）检查隐患排查治理方案。

（2）检查定期、不定期隐患排查活动记录。

（3）检查隐患登记档案目录或清单。

（4）检查事故隐患报告和举报奖励制度。

（5）检查表彰和奖励记录。

3. 评价标准

（1）隐患排查治理方案的制定应科学、合理，做到可操作、可落实、可检查、可实现。

（2）隐患排查活动应按时开展、落实到位、动态管理。

（3）隐患排查要做到全员、全过程、全方位，涵盖与生产经营相关的场所、环境、人员、设备设施和各个环节。

（4）隐患应登记建档，并按确定等级要求进行登记，做到及时完善和更新。

（5）建立健全事故隐患报告和举报奖励制度，确保其充分性、适宜性和有效性。

（6）表彰和奖励应公平、公正、公开。

4.11.1.3　隐患治理

1. 执行要求

（1）排查出的隐患要及时进行整改，并按照“五定”原则做到闭环管理。

（2）对于在一定时间内因各种原因无法消除的缺陷，列入隐患管理的范畴，并采取监视措施和临时控制措施。

（3）加强重大安全隐患监控，在治理前要采取有效控制措施，制定专门的风险评估报告和相应的应急预案，并按有关规定及时上报。

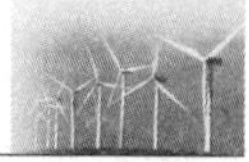

（4）对在计划时间内未能按时完成治理的隐患，应办理隐患延期治理手续。

（5）对上级公司下发的或本企业排查的安全隐患，企业应结合实际，按照“举一反三”原则进行排查治理。

（6）因自然灾害可能导致事故灾难的隐患，按照有关法律、法规、标准的要求切实做好防灾减灾工作。

2. 检查内容

（1）检查整改计划。

（2）检查整改计划执行情况记录。

（3）检查隐患排查治理清单。

（4）实地检查监视措施和临时控制措施。

（5）检查重大安全隐患监控措施。

（6）检查针对重大安全隐患制定的专门风险评估报告和相应应急预案。

（7）检查报送文件记录。

（8）检查隐患延期治理手续。

（9）检查上级公司下发的和本单位排查的安全隐患清单。

（10）检查因自然灾害可能导致事故灾难的隐患清单。

（11）检查隐患排查治理活动记录。

3. 评价标准

（1）整改计划应全面、翔实。

（2）整改工作应及时完成、闭环管理。

（3）隐患清单罗列应清晰、完整、准确。

（4）监视措施和临时控制措施应安全、可靠、有效。

（5）重大安全隐患监控措施应安全、可靠、有效。

（6）制定专门的风险评估报告和相应应急预案应有针对性，符合实际工作要求。

（7）报送应及时、完整、规范，并符合规定要求。

（8）隐患延期治理手续办理应及时、规范，并符合要求。

（9）全面、系统地排查治理隐患，做到密切结合上级单位要求和本单位实际，严格按照“举一反三”原则进行排查治理。

（10）按照有关法律、法规、标准的要求，切实做好预防和消减因自然灾害可能导致事故灾难的隐患。

4.11.1.4 隐患产生原因分析

1. 执行要求

（1）对于出现的隐患要进行原因分析，根据分析原因制定防范措施，确实避免同类型隐患的重复发生。

（2）对于渎职、失职和管理原因导致出现的隐患要追究相关人员的责任，隐患管理制度应有责任追究条款。

2. 检查内容

（1）出具隐患产生原因书面资料，并有分析人和分管生产领导签字。

（2）追究有关人员责任和相关绩效考核的依据。

（3）隐患管理和排查制度应有责任追究的相关条款。

3. 评价标准

（1）隐患产生原因的分析要到位，做到一线生产人员和生产管理人员均知晓，现场询问 1～2 人。

（2）是否存在人员的管理责任和责任追究的依据。

（3）现场询问相关人员对隐患的管理了解情况。

4.11.1.5　监督检查

1. 执行要求

（1）企业要加强隐患排查治理过程中的监督检查，对重大隐患实行“挂牌督办”。

（2）隐患排查治理后要对治理效果进行验证和评估。

2. 检查内容

（1）核查监督检查活动记录。

（2）检查重大隐患挂牌督办记录。

（3）检查治理效果验证和评估报告。

3. 评价标准

（1）监督检查应及时、到位。

（2）对重大隐患实行挂牌督办，并整改到位。

（3）验证和评估应全面、客观。

4.11.2　未遂控制

1. 执行要求

应对未遂事件实施控制，建立未遂事件台账，分析未遂原因，并鼓励员工积极主动申报未遂事件。

2. 检查内容

检查内容为未遂台账及统计分析报告。

3. 评价标准

根据未遂事件分析结果采取措施，预防同类事件再次发生，保留措施实施和效果验证记录。

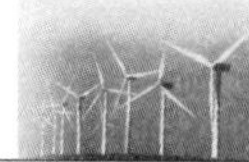

4.11.3 事件

4.11.3.1 即时报告

1. 执行要求

(1) 企业发生人身死亡事故和重伤事故后，应立即以电话、传真、电子邮件等方式，按资产关系或管理关系逐级汇报至集团公司，每级汇报时间间隔不得超过 1 小时。同时，按照有关规定及时报告至企业所在地电力监管机构、政府安全生产监督管理主管部门、公安部门、工会等。自事故发生之日起 30 日内（道路交通事故、火灾事故自发生之日起 7 日内），事故造成的伤亡人数发生变化的，应及时补报。

(2) 企业发生设备事故、影响供电事故以及火灾事故和交通事故后，应及时以电话、传真、电子邮件等方式，按资产关系或管理关系逐级汇报至集团公司，且每级时间间隔不得超过 1 小时。

(3) 较大以上设备事故、影响供电事故和火灾事故、交通事故，以及对社会造成严重影响的事件发生后，要立即逐级上报至集团公司，每级时间间隔不得超过 1 小时。

(4) 即时报告内容应完整，包括事故发生的时间、地点（区域）以及事故相关单位；事故发生的简要经过、人员伤亡情况、直接经济损失的初步估计；电力设备、设施的损坏情况；事故原因的初步判断；事故发生后已经（正在）采取的措施。

(5) 发生事故后，各级领导及事故现场有关人员不得隐瞒不报、谎报或拖延不报，不得故意破坏事故现场，毁灭有关证据。

2. 检查内容

(1) 检查人身伤亡事故、未遂事件、人身轻微伤害事件、设备事故、设备异常事件、火灾（情）事故、环保事件、职业病、疾病、交通事故等事故事件的报告记录（包括事故快报）。

(2) 检查不安全事件台账。

(3) 检查事故调查报告学习记录。

(4) 检查保险范围内的事故统计表、理赔统计记录。

(5) 检查医学报告书。

(6) 检查职业伤害、职业病赔偿文档。

(7) 检查事故外部报告记录。

3. 评价标准

(1) 发生事故事件后及时报告相关人员，以便及时采取防止事故进一步扩大、降低事故严重性的控制措施。

(2) 事故经验得到共享，吸取教训，防止类似事故的重复发生。

（3）不瞒报、不谎报、不迟报、不漏报。

4.11.3.2　定期报告

1. 安全生产管理定期报告

每月月末应将本企业发生的异常、障碍、未遂事件简要情况填写进安健环报表，一并报上级公司安健环部；每年 1 月 10 日前，应对本企业年度安全生产情况进行汇总、分析。检查内容包括企业发生的异常、障碍、未遂事件专题报告和企业年度安全生产情况进行汇总、分析。评价标准为建立异常、障碍、未遂事件分析体系，年度安全生产总结。

企业应明确不安全事件调查分析的分工、归口管理部门。发生不安全事件后的处理、汇报、原始记录的填写、事故现场的保护、事故时的追忆资料保存有无明确的管理规定。事故发生后，事故单位是否立即对事故现场和损坏的设备进行照相、录像、绘制草图、收集资料，并按规定整理上报、归档。发生事故，企业检查内容包括人身伤害类和设备事件类。人身伤害类有人身伤亡事故调查报告书、人身未遂调查分析报告和人身轻微伤害事件调查分析报告；设备事件类有设备事故调查分析报告和设备异常调查分析报告。

企业根据事件调查结论，下发处理通报，对责任单位、有关责任人进行问责和考核。企业编制防范措施实施的整改计划。计划责任单位根据整改计划要求落实防范措施，定期向计划主管部门汇报完成情况。计划主管部门对计划完成情况进行验收和评估，保证计划完成质量，实现计划的闭环。

（1）执行要求。

1）所有事件（包括无伤害、无损失的事件、职业健康、环境污染等）均按“四不放过”原则进行调查，事件调查报告准确完整。

2）事故调查组成员组成与事故等级和性质相对应，符合相关要求。

3）事故调查组成员具有调查的能力和技术能力。

4）事故原因分析清楚。

5）通过原因分析，找到最根本原因，从而为预防措施制定提供依据，预防事故再发生。

（2）检查内容。

1）人身伤害类：①人身伤亡事故调查报告书；②未遂事件调查分析报告；③人身轻微伤害事件调查分析报告。

2）设备事件类：①设备事故调查分析报告；②设备异常调查分析报告。

3）火灾火情类：火灾（情）事故调查分析报告。

4）相关资料：①事件通报。②整改计划。③整改验收单。

（3）评价标准。

1）整改措施充分、可操作、可实现。

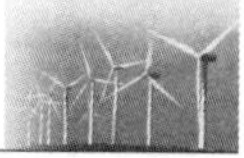

2）整改措施对降低风险、防止事故事件重复发生起到预防性作用。

3）整改措施提出后有跟进计划，有责任人和完成时限，计划实施有效。

4）评价期内无2次及以上原因不明的事故或同一原因2次及以上的事故，事故防范措施的执行有力。

2. 安全监督管理定期报告

企业安全监督管理部门负责对企业月度、季度和年度事件发生数据进行统计分析，并负责将统计分析结果报上级企业安全监督管理部门。企业运用分析方法对事故统计资料进行分析，找出本企业事故发生的规律和生产过程中的薄弱环节，为加强安全管理提供可靠的依据。在进行事件统计分析时，企业应确保统计分析结果的正确性，并将统计分析结果应用于风险控制、绩效评估、管理评审、管理改进等工作。

（1）执行要求。

1）评价期内人身、设备、职业病、环保事故等的统计资料。

2）事故损失统计资料。

3）安全月度、季度、年度综合指标统计表。

4）未遂统计、分析报告。

5）生产安全事故统计报表。

6）事故报告书。

7）安全例会汇报材料。

8）安全例会会议纪要。

9）安全简报。

（2）执行标准。

1）事故报告、安全统计报表及时准确、完整，应存档事故（障碍等）的资料、录像、照片等齐全。

2）对不同归类统计资料按年、按月绘制不同的趋势图。

3）依据趋势图，得出事故变化发展趋势和规律，对规律性的不良趋势发展提出预防性控制措施，以降低安全事故的严重性和频率。

4）定期对管理层和员工公布统计结果，将统计结果列入安全例会会议议程进行讨论。

（3）检查内容。

1）安全事故回顾记录，事故回顾包括：①人身安全；②生产安全；③职业健康；④环境事件。

2）年度事故汇编。

3）事故汇编学习记录。

4）年度总结。评价标准为通过事故回顾，警示员工，提高员工安全意识，强化规范作业行为。每年应对事件管理工作、事件防范措施整改计划完成情况进行评价分析，提出改进意见，形成评价报告。评价报告下达有关部门（场站），有关部门（场站）按照报告要求做好事件管理改进工作。使用适当案例开展事故回顾。每位员工每年至少参加1次事故回顾活动。

4.12　风电场安全运营科技与信息

4.12.1　内部信息交流

1. 执行要求

（1）建立、实施并保持内部信息交流控制程序，以规定内部安全信息（包括常规和非常规）的收集、报告方式、统计分析和应用等工作职责和要求。

（2）内部安全信息应及时传达到全部岗位和员工、相关方，并组织学习，吸取事故经验教训，落实安全要求，防范重复性事故。

（3）高风险工作项目的风险分析和控制措施方案的研讨及安全技术措施的交底。

2. 检查内容

（1）检查内部信息交流控制程序。

（2）检查内部信息交流文件。

（3）检查内部信息交流的主要方式，包括电视、广播、刊物、会议、风险提示。

（4）检查高风险工作项目的安全方案和安全技术交底。

3. 评价标准

（1）各层次和各职能间能够顺利进行内部信息交流。

（2）内部安全信息应完整，包括：①事故快报；②事故分析报告；③安全简报；④安全分析会议纪要；⑤其他有关安全生产的文件及信息。

（3）与进入工作场所的承包商和其他访问者等能进行信息交流。

4.12.2　外部信息交流

1. 执行要求

（1）企业应建立、实施并保持外部信息交流控制程序，以规定外部安全信息的接收、处置、报送、反馈等工作职责和要求。

（2）识别与企业有关的国家机关、上级有关部门和社会团体，并建立信息沟通机制。

（3）企业指定部门和人员，接收、记录并回复来自外部相关方（包括上级单位、政府部门、认证机构、承包商等）的相关信息交流。

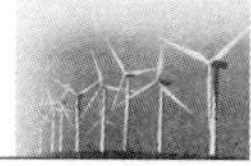

2. 检查内容

（1）企业外部交流控制程序。

（2）与企业相关方名单。

（3）得到的国家有关部门和社会团体的信息。

（4）提供给相关方的信息。

3. 评价标准

（1）外部相关方（包括上级单位、政府部门、认证机构、承包商等）能够得到企业的相关信息。

（2）主动获取国家、行业的安全信息，并组织学习和传递，采取相应预防措施。

（3）落实安全信息报送责任人，按规定向有关单位和电力监管机构报送安全信息，并做到准确、及时和完整。

4.12.3 员工参与和协商

1. 执行要求

（1）应建立员工参与安全生产管理的程序，确保：①员工应报告工作活动中的隐患、各类不安全事件信息；②员工应参与危险源辨识、风险评价和控制措施的确定；③建立员工对安全生产事务发表建议和意见的途径，并有反馈；④与承包方就影响他们健康安全的问题进行协商。

（2）工会应依法组织员工参加本公司安全生产工作的民主管理和民主监督，维护员工在安全生产方面的合法权益。

（3）应建立安全生产民主管理监督制度和安全生产违规举报管理制度。

（4）应建立与相关地方政府部门、上级单位关于安全生产管理的沟通与联络机制。

2. 检查内容

（1）员工参与安全生产管理的程序的痕迹性文件。

（2）工会组织参加安全生产工作的民主管理和民主监督文件。

（3）相关制度。

（4）联络单。

3. 评价标准

（1）确保各类信息、风险管控措施、安全事务发表建议、职业健康等方面有员工参与并确定。

（2）工会应依法组织相关工作，并留存文件和资料。

（3）可不单独设立制度，但需要在其他制度或办法中体现。

（4）建立联络单并留存。

4.12.4　安全信息化

4.12.4.1　信息化建设

1. 执行要求

应建立安全管理信息化管理平台，建立安全管理信息化管理平台运行维护和监督检查网络。

2. 检查内容

检查内容包括检查安全管理信息化应用情况、检查运行维护和监督检查网络设置及人员职责。

3. 评价标准

信息系统建立应依据本质安全管理体系框架结构，与本单位实际相结合；网络健全，人员职责清晰。

4.12.4.2　信息化运行与维护

1. 执行要求

（1）企业应结合日常安全管理工作的实际，把安全管理信息及时录入平台。

（2）每一项日常管理工作完成后 5 日内必须录入信息化平台。

（3）安全监督人员必须高度重视信息化的建设工作，既要落实专人负责，又要做到相互配合。

（4）在录入平台时按规定进行工作流审批程序。

（5）对录入平台的内容有附件要求的，要及时把相关内容以附件的形式上传。

2. 检查内容

（1）检查信息录入情况。

（2）检查信息录入时间及内容的针对性。

（3）安全监督人员的监督检查情况。

（4）检查平台内容的审批情况。

（5）检查附件是否有缺失。

3. 评价标准

（1）信息化平台上的录入内容同日常业务管理的纸质文档保持一致。

（2）录入内容要有针对性，不能简单、单一和重复。

（3）安全管理模块的录入工作要做到随做随录，真正实现安全管理的信息化。

（4）按规定进行审批。

（5）及时上传相关附件。

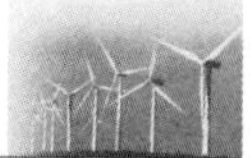

4.12.5 安全科技

1. 执行要求

应鼓励积极引入安全科技成果（包括新产品、新技术、新工艺、新材料、新设计等），提高企业的风险预控水平，并积极依靠科技进步开展安全生产方面关键技术、重大难题的科学研究。

2. 检查内容

检查内容为安全科技成果及对应的风险评估情况。

3. 评价标准

评价标准为安全科技成果应进行危险源辨识与风险评估，制定相应的风险预控措施。

4.13 风电场安全运营检查与评价

4.13.1 安全检查

4.13.1.1 安全检查安排与计划

1. 执行要求

（1）定期开展季节性、专业检查和专项检查等安全检查活动，并符合上级单位要求和本单位实际。

（2）编制安全检查计划，明确检查时间、检查项目、重点内容、检查方式和责任人，安全检查计划经有关领导批准后实施。

2. 检查内容

（1）检查安全活动文件。

（2）检查安全计划。

（3）检查审批文件。

3. 评价标准

（1）安全检查活动应按时开展，并符合要求。

（2）结合季节特点和事故规律每年至少进行一次春季或秋季安全检查。

（3）安全检查计划应全面、翔实，并符合要求。

（4）审批应真实、规范，并符合程序要求。

4.13.1.2 安全检查实施与执行

1. 执行要求

（1）依据有关安全生产的法律法规、规程制度，编制检查提纲或“安全检查表”，明确检查项目内容、标准要求。

(2) 部门（场站）、班组根据检查项目内容进行逐级细化分解。

(3) 安全检查活动按照班组自查自纠、部门（场站）复查、子（分）公司检查验收自下而上的方式进行。

2. 检查内容

(1) 检查提纲或“安全检查表”。

(2) 检查部门（场站）、班组两级安全记录。

(3) 检查班组自查自纠活动记录。

(4) 检查部门（场站）复查记录。

(5) 检查子（分）公司验收记录。

3. 评价标准

(1) 检查提纲或“安全检查表”编制应全面、系统，并符合要求。

(2) 检查项目内容应逐级细化分解，并符合要求。

(3) 安全检查活动记录应真实、准确、可追溯，并符合要求。

4.13.1.3 安全检查整改与落实

1. 执行要求

(1) 检查发现不能立即消除的问题，列入整改计划，进行落实。

(2) 对不能及时整改完成的问题，采取临时监控措施。

(3) 按上级单位安全检查提出的问题和要求列入整改计划。

(4) 列入当年整改计划的项目完成率和闭环率均达到100%。

2. 检查内容

(1) 检查整改计划和统计记录。

(2) 实地核查临时监控措施等。

3. 评价标准

(1) 对不能立即消除的问题，应清晰、完整、准确地列在整改计划中，并落实到位。

(2) 临时监控措施应有效、可靠。

(3) 整改计划应涵盖上级单位安全检查提出的问题和要求。

(4) 年度整改计划的项目完成率和闭环率均应达到100%。

4.13.1.4 安全检查总结与反馈

1. 执行要求

安全检查结束后编制“安全检查总结”，并按照要求向上级单位汇报。上级单位检查情况落实按照要求及时反馈。

2. 检查内容

检查内容包括核查安全总结和反馈信息资料。

3. 评价标准

（1）安全检查总结应全面、客观、规范。

（2）向上级单位汇报应及时、真实、规范，并符合程序要求。

（3）反馈信息应及时、真实、规范。

4.13.2　体系审核

1. 执行要求

（1）企业制定风险预控管理体系内部审核计划，上报上级单位。

（2）上级单位统一制定各企业风险预控管理体系内部审核计划，经公司领导批准执行。

（3）企业内部评审小组由生产主管领导、生产部门经理、部门安全专责及参与审核的员工代表等组成。

（4）根据内部评审计划，评审小组按照评审标准，开始内审工作。

（5）召开首次会，现场评审查阅资料、员工考问和现场依从性检查，起草报告，召开末次会通报审核结果。

（6）内审报告，报总经理审阅，安全部门留存；针对不符合项报告，制定整改措施。

（7）整改措施，验收合格。

（8）回顾风险预控管理体系，持续改进。

（9）检讨审核方法，持续改进审核工作。

2. 检查内容

（1）检查内审计划、内审报告。

（2）检查历次内审会议记录、整改措施和改进建议等。

3. 评价标准

（1）评审计划经过上级领导的批准执行。

（2）内部评审，每 6 个月 1 次。

（3）内审报告，符合内审要求。

（4）在内部评审包括风险预控管理体系所有要素的审核，并识别其存在的风险与风险概述等级相对应。

（5）审核后公布内审报告，并在报告中明确优点和不足。

（6）内审报告，批准后下发有关部门。

（7）不符合项报告，闭环控制。

（8）风险预控管理体系定期回顾，员工对制度的依从性和管理效果持续提高。

（9）风险预控管理体系对相关方施加影响。

4.13.3　管理评审

1. 执行要求

（1）根据企业安全目标完成情况、安全生产实施计划的落实情况、组织、周期、过程、报告与分析等要求，准确评估企业可量化的本安绩效指标，并纳入企业年度安全绩效管理。

（2）每年至少 1 次对企业本单位实施情况进行管理评审，验证安全管理的有效性，检查安全生产工作目标、指标的完成情况，提出改进意见，形成评价报告。

（3）管理评审报告应以企业正式文件的形式下发，将结果向企业所有部门、所属单位和从业人员通报，为管理持续改进打下基础，并作为上级单位年度考评的重要依据之一。

2. 检查内容

检查内容包括企业年度安全管理绩效指标、评审资料和评审报告。

3. 评价标准

（1）企业安全管理绩效指标内容，总经理经营目标责任状。

（2）组建评审小组每年一次对企业本质安全管理体系开展评审。

（3）评价结果要明确体现运行效果。

4.14　持　续　改　进

4.14.1　纠正措施

1. 执行要求

企业应建立统一、正式的纠正预防系统，在各类不安全事件调查、安全检查、安全生产分析、体系审核、管理评审等活动后，对不符合项采取相应的纠正措施，消除不符合项影响。

2. 检查内容

检查内容为纠正措施，包括对标准的修正、对程序的修正和对执行的修正。

3. 评价标准

评价标准为纠正措施制定并执行有效，实施后，应保留验证记录。

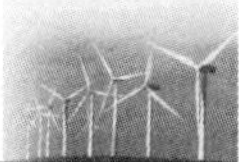

4.14.2 预防措施

1. 执行要求

(1) 企业建立风险预控管理绩效评价体系，对安全生产目标与指标、规章制度、操作规程等进行修改完善，制定完善本质安全管理体系工作计划和措施，实施改进（PDCA）动态循环模式、不断提高安全绩效。

(2) 企业对评审查出的安全隐患和管理不足由安全生产委员会或安全生产领导机构讨论提出纠正、预防的管理方案，并纳入下年度的安全工作计划。

(3) 企业对评审报告提出的改进措施，要认真进行落实，保证改进措施落实到位。

(4) 企业应根据评审结果，对有关单位和岗位兑现奖惩。

2. 检查内容

(1) 企业风险预控管理绩效评价体系。

(2) 风险预控管理体系工作计划和措施。

(3) 评审报告，主要问题整改方案。

(4) 评审报告中改进措施的闭环。

(5) 奖惩通报。

3. 评价标准

(1) 企业建立各级各岗位的绩效考评体系和标准，考核应该按照行政管理架构分层分级进行（如班值内人员考核由值长负责；值长考核由生产部经理负责；生产部经理考核由生产主管领导负责等），不得越级包办考核。

(2) 对评审结果提出的改进措施，认真进行落实，保证绩效改进落实到位。

(3) 企业考核兑现前，与有关部门和人员进行绩效沟通并做好记录。

第5章　风电场职业卫生危害预防与管理

为预防、控制和消除职业危害，保护和增进劳动者健康，提高员工的生命质量，应依法采取一切卫生技术或者管理措施，首要任务就是要辨识、评价和控制不良的劳动条件，保护劳动者的健康。

5.1　职业卫生法规标准体系简介

依据《中华人民共和国职业病防治法》，相关法规包含了《国家职业病防治规划（2016—2020）》《女职工劳动保护特别规定》《危险化学品安全管理条例》《使用有毒物品作业场所劳动保护条例》。

(1) 卫生规章：《高毒物品目录》（卫法监发〔2003〕142号）、《职业病分类和目录》《职业健康检查管理办法》《职业病诊断与鉴定管理办法》《新版职业病危害因素分类目录》《建设项目职业病危害评价规范》。

(2) 安监规章：《建设项目职业病防护设施“三同时”监督管理办法》（安监总局第90号令）、《工作场所职业卫生监督管理规定》（安监总局第47号令）、《职业病危害项目申报办法》（安监总局第48号令）、《用人单位职业健康监护监督管理办法》（安监总局第49号令）、《职业卫生技术服务机构监督管理暂行办法》（安监总局第50号令）。

(3) 规范性文件：《建设项目职业病危害风险管理目录》（安监总安健〔2012〕73号）、《防暑降温措施管理办法》（安监总厅安健〔2012〕89号）、《职业卫生档案管理规范》（安监总厅安健〔2013〕171号）、《职业卫生技术服务机构工作规范》（安监总安健〔2014〕39号）、《用人单位职业病危害告知与警示标识管理规范》（安监总厅安健〔2014〕111号）、《用人单位职业病危害因素定期检测管理规范》（安监总厅安健〔2015〕16号）、《用人单位劳动防护用品管理规范》（安监总安健〔2015〕124号）、《做好防暑降温工作》（安监总安健〔2015〕63号）、《档案管理规范、实验室布局与管理规范》（安监总安健〔2015〕93号）、《用人单位职业卫生基础建设主要内容及检查方法》（ZW-JB-2013-002）、《修订建设项目职业病危害预评价报告审核（备案）申请书》（ZW-JB-2013-003）、《建设项目职业病防护设施设计专篇编制要求》（ZW-

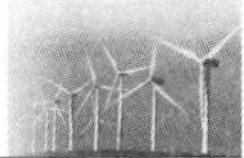

JB—2014－002)、《建设项目职业病危害控制效果评价报告编制要求》(安监总安健〔2014〕3号)、《建设项目职业病危害预评价报告编制要求》(ZW－JB—2014－003)、《职业卫生技术服务机构检测工作规范》(安监总安健〔2016〕9号)。

5.2 职业危害识别、评价与控制

施工企业在风电场建设工程中应确认生产过程、劳动过程，作业过程中存在的危害劳动健康的职业性危害因素，并评价其危害程度，提出控制、消除职业性危害的要求、措施等。创造符合国家职业卫生标准和卫生要求的工作环境和条件，并将工作场所职业病危害、防护措施及相关待遇等如实告知员工。

5.2.1 职业危害识别

职业活动中存在的各种有害的化学、物理、生物等因素，以及在作业过程中产生的其他职业有害因素。职业病危害因素识别按其来源划分为3大类，也可参照《职业病危害因素分类目录》划分。

(1) 生产工艺过程中产生的有害因素，主要包括化学因素、物理因素及生物因素。

1) 化学因素，主要有生产性毒物（如铅、苯、汞、一氧化碳等)、生产性粉尘（如矽尘、煤尘、石棉尘、水泥尘、金属尘、有机粉尘等)。

2) 物理因素，主要有异常气象条件（如高温、高湿、低温等)、异常气压（高、低气压等)、噪声与振动（如机械性噪声与振动、电磁性噪声与振动、流动性噪声与振动等)、电离辐射（如α射线、β射线、γ射线、X射线、质子、中子、高能电子束等)、非电离辐射（如可见光、紫外线、红外线、射频辐射、激光等)。

3) 生物因素，主要有炭疽杆菌、布氏杆菌、森林脑炎病毒、真菌、寄生虫等。

(2) 劳动过程中的有害因素，主要有劳动组织和劳动休息制度不合理；劳动过度产生的心理和生理紧张；不良体位和姿势，或使用不合理的劳动工具。

(3) 生产环境中的有害因素，主要包括自然环境中的因素，如在炎热季节受到长时间的太阳辐射导致中暑等；厂房建筑或布局不合理，如采光照明不足、通风不良，有毒与无毒、高毒与低毒作业安排在同一空间内等；来自其他生产过程散发的有害因素产生的环境污染。

风电场建设中的主要职业病危害因素，主要有高温、振动、噪声、电磁辐射等。

5.2.2 现场告知

施工企业项目部应在作业场所醒目位置设置公告栏，职业卫生管理部门负责公布职业病防治有关法律法规、操作规则、职业病危害事故应急救援措施、求助和救援电话以及工作场所职业病危害因素检测结果等。公告内容应准确、完整、字迹清晰，并及时更新；公告栏使用坚固材料制成，尺寸大小应满足内容需要，高度应适合员工阅读。

对存在或产生职业病危害的作业岗位，应在其醒目位置，设置警示标示和双语警示说明。警示说明应载明产生职业病危害的种类、后果、预防和应急处置措施等内容。对存在或产生高毒物品的作业岗位，在醒目位置设置高毒物品告知卡。

高毒物品告知卡中，应当说明高毒物品的名称、外观形态、主要成分、理化特性、健康危害、防护措施和应急处理、操作及储存注意事项、废弃处置方法、应急及急救电话等，储存场所应载明储存的数量且字迹清楚、颜色醒目，告知卡外形尺寸及设置要求按照《工作场所职业病危害警示标识》（GBZ 158—2016）执行。

对可能产生职业病危害的设施设备，应在其前方或设施设备上醒目位置设置相应的警示标识和中文警示说明，警示说明应明确设备名称、型号、性能、可能产生的职业病危害、安全操作和维护注意事项、职业病防护及应急救治措施等内容。

储存可能产生职业病危害的化学品的场所应在入口处和存放处等规定的部位设置危险品标识或者放射性警示标识。

5.2.3　职业危害评价

职业危害评价是依据国家有关法律、法规和职业卫生标准，对施工企业生产过程中产生的职业危害因素进行接触评价，对施工企业采取预防控制措施进行效果评价；同时也为作业场所的卫生监督管理提供技术数据。根据评价目的和性质不同，可分为经常性（日常）职业危害因素检测与评价和建设项目的职业危害评价。建设项目职业危害评价又可分为新建、改建、扩建和技术改造与技术引进项目的职业危害预评价、控制效果评价与建设项目运行期间的现状评价。

1. 职业危害因素的检测与评价

通过职业危害因素检测，可以判断职业危害因素的性质、分布、产生的原因和程度，也可以评价作业场所配备的工程防护设备设施的运行效果。

2. 职业危害因素检测

职业危害因素检测必须按计划实施，由专人负责，进行记录，并纳入已建立的职业卫生档案。存在职业危害的施工企业应当委托具有相应资质的中介技术服务机构，每年至少进行一次职业危害因素检测。

对于工作场所中存在的粉尘和化学毒物的采样来说，根据其采样方式的不同又可分为定点采样和个体采样两种类型。定点采样是指将空气收集器放置在选定的采样点、劳动者的呼吸带进行采样；个体采样是指将空气收集器佩戴在采样对象（选定的作业人员）的前胸上部，其进气口尽量接近呼吸带所进行的采样。

3. 职业危害因素测定分析

对于多数物理性职业危害因素，在现场检测时可以借助测定设备直接进行读数外，对于作业场所空气中存在的粉尘、化学物质等有害因素，在采集作业场所样品后，还需要做进一步的分析测定。

4. 建设项目职业危害预评价与控制效果评价

（1）评价原则：在评价过程中必须始终遵循严肃性、严谨性、公正性、可行性的原则。

（2）评价方法：①检查表法；②类比法（通过与拟建项目同类和相似工作场所，类推拟建项目作业场所职业危害因素的危害情况）；③定量法。

（3）评价内容：主要包括建设项目职业危害预评价、建设项目职业危害控制效果评价、建设项目运行中的现状评价等。

建设项目运行过程中的现场评价可针对生产经营单位职业危害预防控制工作的多个方面，主要内容是对作业人员职业危害接触情况、职业危害预防控制的情况、职业卫生管理等方面进行评价。

5. 职业危害控制

职业危害控制主要是指针对作业场所存在的职业危害因素的类型、分布、强度等情况，采取多种措施加以控制，使之消除或者降到容许接受的范围之内，以保护作业人员的身体健康和生命安全。具体包括：

（1）工程控制技术。工程控制技术措施是指应用工程技术的措施和手段（例如密闭、通风、冷却、隔离等），控制生产工艺过程中产生或存在的职业危害因素的浓度或强度，使作业环境中有害因素的浓度或强度降至国家职业卫生标准容许的范围之内。例如：优先采用先进的生产工艺、技术和无毒或低毒的原材料，消除或减少尘、毒职业有害因素；用无毒、低毒替代有毒、高毒，优先采用机械化和自动化设备，避免直接人工操作。而对于工艺、技术和原材料达不到要求的，应根据生产工艺和尘、毒特性，设计相应的防尘防毒通风控制措施，使劳动者活动的工作场所有害物质浓度降低于符合相关标准的要求，如对于逸散粉尘的生产过程，应对产尘设备采取密闭措施；设置适宜的局部排风除尘措施；尽量采用湿式作业，湿式作业仍不能满足卫生要求时，应采用其他通风除尘方式。

（2）个体防护措施。对于经工程技术治理后不能达到限值要求的职业危害因素，为避免其对劳动者造成健康损害，需要为劳动者配备有效的个体防护用品。针对不同类型的职业危害因素，应选用合适的防尘、防毒或者防噪音等个体防护用品。如预期劳动者接触浓度不符合要求的，应根据实际接触情况，采取有效的个人防护措施。

（3）组织管理等措施。通过建立健全职业危害预防控制规章制度，确保职业危害预防控制有关要素的良好与有效运行，是保障劳动者职业健康的重要手段，也是合理组织劳动过程、实现生产工作高效运行的基础，在生产和劳动过程中，加强组织与管理是职业危害控制工作的重要一环。

5.3　职业卫生监督管理

对从事有害因素作业的工人进行定期的健康监护，是施工企业一项重要职责。施工企业必须接受国家卫生行政部门指定的职业病防治机构的检测及健康监护，应当采取有效治理措施，改善劳动条件，使有害作业场所的有害因素符合国家卫生标准，施工企业应建立健康监护档案制度，配备卫生人员，并储备一定的应急医疗急救用品。

1. 就业检查

就业检查是指对将要从事某种作业的人员进行的健康检查，是一种上岗前健康检查。其目的在于：

(1) 评价被检查者是否存在职业禁忌症，其体质、健康状况是否适合于将要从事的工种，是否有危及他人健康、妨碍工作的疾病（如传染病、精神病等）。

(2) 取得连续观察的基础健康状况资料。

(3) 对不适合从事该工种的被检查者，做出指导与建议，安排其从事其他适合的工作。

(4) 就业检查不仅仅是指对新员工的健康检查或变更新工种时的健康检查，而将要从事某些特殊的作业（如季节性施农药、潜水作业前等）、长期病休后复员、工伤后复工等的健康检查，也属于就业健康检查。

(5) 就业健康检查的基本检查项目有身高、体重、视力、血压、内科、五官科、肝功能、血常规、尿常规、血型、胸部X线透视等。基本检查项目并非一成不变，对于将要从事的具体工种，就其存在的职业有害因素的种类，检查项目应做到相应的调整，做到有的放矢。如粉尘作业，就业健康检查拍X线胸片，作为日后检查对比资料；同一单位内更换工种的健康检查，可不必检查身高、血型等。

2. 定期健康检查

根据作业中职业受因素的种类及危害程度，按一定的间隔期限进行的专项健康检查。其目的在于：早期发现职业有害因素对健康的影响，如亚临床中毒；对职业病早期诊断和处理，对可疑患者进行重点观察，防止疾病进一步发展、恶化；筛选高危人群，检出职业禁忌症者，并对他们进行重点监护与调换适合工种；评价作业环境的劳动卫生防护设施的效果；定期健康检查的基本检查项目有：血压、内科、五官科、肝功能、血常规、尿常规、胸部X线透视。与就业前健康检查一样，定期健康检查项目更强调与所从事作业中存在的毒害因素的相关性，具体检查项目可参照后面各章节。

3. 离岗健康检查

施工企业应根据国家有关规定及《职业健康监护技术规范》(GBZ 188—2016)要求安排离岗时(在劳动者离岗前30日内组织劳动者进行离自岗时的职业健康检查)的劳动者到省级以上卫生行政部门批准的、有职业健康检查资格的医疗卫生机构进行职业健康检查,并将检查结果存入职业健康监护档案。同时应建立相应的管理制度,责任到位,有专人负责劳动者离岗时的职业健康检查相关工作。

5.4 风电场建设职业卫生管理

职业病防治工作坚持“预防为主,防治结合”方针,实行分类管理、综合治理。

施工企业项目部安全管理部门是本项目职业病防治的监督管理部门,根据国家有关职业病防治的政策、法规、标准和企业对职业病防治的工作要求,对职业病防治工作实施监督检查,对职业危害因素进行检测、评价,组织职业健康检查,建立职业病管理档案,开展有关职业危害的宣传和培训教育。施工项目部安全第一责任人是本项目(单位)职业病防治第一责任人,对本项目作业场所的职业危害防治工作全面负责,依法对员工健康承担法律责任,保障员工享有的健康权益。工程技术管理部门负责编制预防职业病的工程技术措施。

5.4.1 生活条件

施工企业应为其履行合同所雇用的人员提供必要的膳宿条件和生活环境。不得在尚未竣工的建筑物内设置员工集体宿舍。施工企业应采取有效措施预防传染病,保证施工人员的健康,并定期对施工现场、施工人员生活基地和工程进行防疫和卫生的专业检查和处理,在远离城镇的施工场地,还应配备必要的伤病防治和急救的医务人员与医疗设施。施工企业应当将施工现场的办公、生活区与作业区分开设置,并保持安全距离;办公、生活区的选址应当符合安全性要求。员工的膳食、饮水、休息场所等应当符合卫生标准。施工现场临时搭建的建筑物应当符合安全使用要求。施工现场使用的装配式活动房屋应当具有产品合格证。

5.4.2 工作环境及要求

办公场所设置合理,布局整齐,地面清洁平整,无杂物、无积水。办公室装修应使用阻燃、无毒材料。办公桌面整齐,文件柜、办公桌摆放位置合适,做到整齐、美观,室内通风良好,照明充足。办公场所饮用水满足国家相关标准。设置满足使用要求的厕所及垃圾临时存放点。厕所应有相应的杀菌、灭蝇和排放控制措施。垃圾及其他废物应及时放入垃圾箱内,集中处置。按要求设置安全警示标识,例如:逃生路线标志、禁止吸烟标志、防滑和防碰撞标志等。办公场所不得存放有毒、有害、易燃、易爆、危险化学品和放射性物品。

5.4.3　劳动保护

施工企业应按照法律规定安排现场施工人员的劳动和休息时间，保障劳动者的休息时间，并支付合理的报酬和费用。依法为其履行合同所雇用的人员办理必要的证件、许可、保险和注册等，且应督促分包人为其所雇用的人员办理必要的证件、许可、保险和注册等。按照法律规定保障现场施工人员的劳动安全，并提供劳动保护，并应按国家有关劳动保护的规定，采取有效的防止粉尘、降低噪声、控制有害气体和保障高温、高寒、高空作业安全等劳动保护措施。雇用人员在施工中受到伤害的，应立即采取有效措施进行抢救和治疗。施工企业应按法律规定安排工作时间，保证其雇用人员享有休息和休假的权利。因工程施工的特殊需要占用休假日或延长工作时间的，应不超过法律规定的限度，并按法律规定给予补休或付酬。风电场位于强紫外线地区，应为作业人员配备具有防紫外线伤害功能的作业服、护目镜等防护措施。风电场位于蚊虫、黄蜂、蛇、鼠等生物滋扰多发地区，应为作业人员配备具有防止生物攻击功能的工作服、作业鞋和喷雾剂等防护用品。

5.4.4　形成文件的信息

风电场工程建设职业卫生管理应形成下列文件：

（1）施工企业对可能发生急性职业危害的工作场所制定的应急预案。

（2）施工企业对存在职业危害的作业场所定期进行检测的测试报告。

（3）职业健康档案。

（4）职业健康防护设施、器具和防护用品台账。

（5）急救用品、防护用品台账。

（6）施工企业为防止施工作业现场尘毒、噪声、化学伤害、高低温伤害、辐射伤害等配备防护用品发放记录。

（7）施工企业及时、如实向当地主管部门申报施工过程存在的职业危害因素并依法接受其监督的材料。

5.5　风电场运维职业卫生管理

5.5.1　监督管理的组织

存在职业危害的相关企业应当设置或者指定职业健康管理机构，配备专职或者兼

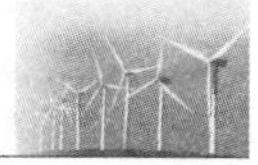

职的职业健康管理人员，负责企业的职业危害防治工作。主要负责人和职业健康管理人员应当具备与本单位所从事的生产经营活动相适应的职业健康知识和管理能力，并接受安全生产监督管理部门组织的职业健康培训。

5.5.2 职业危害监督管理

存在职业危害的企业应当建立、健全下列职业危害防治制度和操作规程：职业危害防治责任制度；职业危害告知制度；职业危害申报制度；职业健康宣传教育培训制度；职业危害防护设施维护检修制度；从业人员防护用品管理制度；职业危害日常监测管理制度；从业人员职业健康监护档案管理制度；岗位职业健康操作规程和法律、法规、规章规定的其他职业危害防治制度。

5.5.3 从业人员职业危害管理

风电场运维企业应当对从业人员进行上岗前的职业健康培训和在岗期间的定期职业健康培训，普及职业健康知识，督促从业人员遵守职业危害防治的法律、法规、规章、国家标准、行业标准和操作规程。

风电场运维企业与从业人员订立劳动合同时，应当将工作过程中可能产生的职业危害及其后果、职业危害防护措施和待遇等如实告知从业人员，并在劳动合同中写明，不得隐瞒或者欺骗。公司各部门、各单位应当依法为从业人员办理工伤保险，缴纳保险费。

从业人员在履行劳动合同期间因工作岗位或者工作内容变更，从事所订立劳动合同中未告知的存在职业危害的作业的，风电场运维企业应当依照前款规定，向从业人员履行如实告知的义务，并协商变更原劳动合同相关条款。

风电场运维企业不得安排未经上岗前职业健康检查的从业人员从事接触职业危害的作业；不得安排有职业禁忌的从业人员从事其所禁忌的作业；对在职业健康检查中发现有与所从事职业相关的健康损害的从业人员，应当调离原工作岗位，并妥善安置；对未进行离岗前职业健康检查的从业人员，不得解除或者终止与其订立的劳动合同。

风电场运维企业应当为从业人员建立职业健康监护档案，并按照规定的期限妥善保存。从业人员离开各单位时，有权索取本人职业健康监护档案复印件，各单位应当如实、无偿提供，并在所提供的复印件上签章。

风电场运维企业不得安排未成年工从事接触职业危害的作业；不得安排孕期、哺乳期的女职工从事对本人和胎儿、婴儿有危害的作业。

5.5.4 建设项目职业卫生监督管理

(1) 建设项目应认真做好职业卫生“三同时”，所需费用应当纳入建设项目工程预算。建设项目可能产生职业危害的，各单位应当按照有关规定，在建设项目可行性论证阶段，根据《职业病危害因素分类目录》（卫法监〔2002〕63号）和《建设项目职业卫生专篇编制规范》编写职业卫生专篇，并委托具有相应资质的职业卫生技术服务机构进行职业病危害预评价。

（2）在可行性论证阶段完成建设项目职业病危害预评价报告后，应按照《建设项目职业病危害分类管理办法》（卫生部〔2006〕第49号令）的规定要求［《建设项目职业病危害预评价报告审核（备案）申请书》］，向负责审查的政府安全监管部门提出审核（备案）申请。

（3）职业病危害严重的建设项目，在初步设计阶段，应当委托具有资质的设计单位对该项目编制职业病危害防护设施设计专篇；按《建设项目职业病防护设施设计审查申请书》的要求，向原审批职业病危害预评价报告的政府安全监管部门提出建设项目职业病防护设施设计审查申请。

（4）建设项目在竣工验收前，应当委托具有资质的职业卫生技术服务机构进行职业病危害控制效果评价，职业病危害控制效果评价应当尽可能由编制职业病危害预评价报告的原技术机构承担。

（5）职业病危害轻微的建设项目，应当将职业病危害控制效果评价报告报原预评价备案政府安全监管部门备案。

（6）职业病危害一般和职业病危害严重的建设项目，应当填写《建设项目职业病防护设施竣工验收（备案）申请书》，并按规定提交申报材料，向原审批职业病危害预评价报告的政府安全监管部门提出竣工验收申请。

（7）建设项目竣工验收时，其职业危害防护设施依法经验收合格，取得职业危害防护设施验收批复文件后，方可投入生产和使用。

（8）职业危害控制效果评价报告、职业危害防护设施验收批复文件应当报送建设项目所在地安全生产监督管理部门备案。

5.5.5　职业危害的防治措施

（1）存在职业危害的各单位的作业场所应当符合下列要求：生产布局合理，有害作业与无害作业分开；作业场所与生活场所分开，作业场所不得住人；有与职业危害防治工作相适应的有效防护设施；职业危害因素的强度或者浓度符合国家标准、行业标准；法律、法规、规章和国家标准、行业标准的其他规定。

（2）存在职业危害的各单位，应当在醒目位置设置公告栏，公布有关职业危害防治的规章制度、操作规程和作业场所职业危害因素监测结果。对产生严重职业危害的作业岗位，应当在醒目位置设置警示标识和中文警示说明。警示说明应当载明产生职业危害的种类、后果、预防和应急处置措施等内容。存在职业危害的各单位应当设有

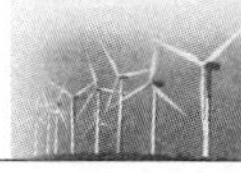

专人负责作业场所职业危害因素日常监测，保证监测系统处于正常工作状态。监测的结果应当及时向从业人员公布。存在职业危害的各单位应当委托具有相应资质的中介技术服务机构，每年至少进行1次职业危害因素检测，每3年至少进行1次职业危害现状评价。定期检测、评价结果应当存入本单位的职业危害防治档案，向从业人员公布，并向所在地安全生产监督管理部门报告。

（3）企业必须为从业人员提供符合国家标准、行业标准的职业危害防护用品，并督促、教育、指导从业人员按照使用规则正确佩戴、使用，不得发放钱物替代发放职业危害防护用品；对接触职业危害的从业人员，企业应当按照国家有关规定组织上岗前、在岗期间和离岗时的职业健康检查，并将检查结果如实告知从业人员。职业健康检查费用由各单位承担。应当对职业危害防护用品进行经常性的维护、保养，确保防护用品有效。不得使用不符合国家标准、行业标准或者已经失效的职业危害防护用品。对职业危害防护设施应当进行经常性的维护、检修和保养，定期检测其性能和效果，确保其处于正常状态。不得擅自拆除或者停止使用职业危害防护设施。

（4）企业在日常的职业危害监测或者定期检测、评价过程中，发现作业场所职业危害因素的强度或者浓度不符合国家标准、行业标准的，应当立即采取措施进行整改和治理，确保其符合职业健康环境和条件的要求。不得使用国家明令禁止使用的可能产生职业危害的设备或者材料。不得将产生职业危害的作业转移给不具备职业危害防护条件的企业和个人。不具备职业危害防护条件的企业和个人不得接受产生职业危害的作业。应当优先采用有利于防治职业危害和保护从业人员健康的新技术、新工艺、新材料、新设备，逐步替代产生职业危害的技术、工艺、材料、设备。对采用的技术、工艺、材料、设备，应当知悉其可能产生的职业危害，并采取相应的防护措施。对可能产生职业危害的技术、工艺、材料、设备故意隐瞒其危害而采用的，企业主要负责人对其所造成的职业危害后果承担责任。发生职业危害事故，应当及时向所在地安全生产监督管理部门和有关部门报告，并采取有效措施，减少或者消除职业危害因素，防止事故扩大。对遭受职业危害的从业人员，及时组织救治，并承担所需费用。不得迟报、漏报、谎报或者瞒报职业危害事故。

（5）在作业场所使用有毒物品的企业，应当按照有关规定向安全生产监督管理部门申请办理职业卫生安全许可证。

第6章　风电场应急管理与安全事故调查分析

6.1　风电场预警基础知识

6.1.1　基本构成

风险预警系统通常包括“风险评估”和“报警”两部分，其基本功能一般有8项，因它们之间是串行工作的，具体为选目标、设指标、定阈值、采数据、做分析、定警级、发警报、做响应。

8项功能中，除“选目标”和“做响应”外，中间的6项功能是预警系统必备的，缺一不可。各功能模块说明如下：

（1）选目标：风险是不确定性对目标的影响，任何一个风险预警系统都是为某个或某几个目标服务的，因此，只有选定了目标，才能根据目标去“设指标”。指标是为目标服务的。

（2）设指标：围绕风电场施工风险管理目标，结合施工企业风险监测指标，以及标杆企业设计的风险指标等，分层分类地设计自己企业的关键风险指标体系。

（3）定阈值：结合监管要求、同业基准、企业内部管理要求和历史数据等因素，为各项风险指标设定合理的阈值（或门限值）。

（4）采数据：通过线上线下多种途径，多种接口，实时或及时地采集风险预警指标的相关数据。

（5）做分析：按设定的指标计算模型或计算公式，估算风险指标的大小值，比如风险发生的可能性、风险发生后可能造成的影响程度等。

（6）定警级：把分析的结果与设定的预警阈值相比较，看风险指标值落在哪个预警区间，是红灯区，还是绿灯区。

（7）发警报：根据确定的预警等级，发布相应的预警信息或信号，称之为“报警”。如果风险落在红灯区，那就亮红灯；如果落在黄灯区，那就亮黄灯。这个环节还可以建立风险预警的其他提示机制，比如可通过电信网向手机发短信、发微信，或者通过OA系统向相关人员发风险预警提示函，或者在OA系统、风控系统上通过风险地图（热力图）、趋势图、雷达图、仪表盘等来展示风险的整体情况及

预警信息。

(8) 做响应：该功能可以不作为预警系统的一部分，因为有不少响应是在线下完成或由其他系统完成的。

6.1.2 作用

风险预警系统是风险管理的核心应用之一，它依据“风险评估”的结果，向“风险决策者”和“风险应对者”发出警示，提醒他们赶紧关注风险、应对风险。如果风险评估的结果不能转换成预警应用，或者预警结果不准确，风险评估工作则失败，需重新调整指标、重新建模或完善数据采集等。

6.2 风电场预警系统建立

为了最大限度地减少自然灾害及事故隐患对施工企业可能造成的损失，提高事故隐患的预测预警管理水平，风电场建设期间应建立风电场预警系统。

6.2.1 职责

施工企业预测预警实行分级领导负责制。企业安全管理部门是自然灾害及事故隐患预测预警管理的日常管理部门。项目部负责本项目区域内自然灾害及事故隐患预测和预警，负责信息的排查、收集、分析、传递和统计、上报等。项目负责人是自然灾害及事故隐患预测预警管理的第一责任人。

6.2.2 自然灾害预测、预警

自然灾害预警工作重点在项目部，要设专人对涉及的江河水情、极端天气等资料进行收集，信息收集可通过设立水位观测点、收听收看天气预报、定期与当地气象部门联系、与当地气象部门签订协议等方式。项目部要根据对获取的天气和水情信息及时进行预报，及时将信息发给项目部各参建单位和相关人员。将可能发生重大隐患的情况及时上报施工企业。施工企业各单位要做到信息共享，及时预防、预控，做好应急逃生、救援、救灾等工作。

6.2.3 事故隐患预测、预警

施工企业要结合安全生产检查、安全隐患排查工作，及时对发现的可能发生安全事故的隐患进行预测。对事故隐患按照一般和重大进行预警，预警可以通过广播、现场会议、电话、网络、文件等形式进行发布，预警必须及时，并将信息传达到每位相关人员。

6.2.4　预警级别和发布

根据危险源辨识、环境因素识别和风险评价预测分析结果，对可能发生和可以预警的潜在突发事故进行预警。预警级别依据突发事故可能造成的危害程度、紧急程度和发展势态，一般划分为 3 级：施工企业级（即重大，可能产生特别严重后果）、项目级（即较大，可能产生严重后果）和班组级（即一般，可能产生较重后果）。

预警信息包括突发事故的类别、地点、起始时间、可能影响范围、预警级别、警示事项、应采取的措施和发布级别等。预警信息的发布、调整和解除经有关领导批准可通过广播、信息网络、警报器等；特殊情况下目击者可通过大声呼叫、敲击能发出较强声音的器物或打电话的方式进行。

6.2.5　教育培训

施工企业应及时组织全体人员进行自然灾害及事故隐患预测预警学习，不断提高从业人员面对自然灾害及事故隐患预测预警的技能水平。

6.3　风电场预警控制

风电场施工项目部要指定专人负责本项目部自然灾害及事故隐患预测和预警工作。

安全预测预警实行“一岗双责”制度，施工企业各部门和全体员工是自然灾害及事故隐患预测预警管理的保证体系，所有从业人员均有义务进行自然灾害及事故隐患预测预警管理，对有关工程安全的自然灾害及事故隐患预测预警信息进行排查、收集和传递、上报工作。

在自然灾害及事故隐患预测预警管理中玩忽职守、不负责任或责任心不强，造成责任事故的，对责任人将按照有关规定处理。

施工企业各单位要做制定措施，制定现场处置方案，明确人员职责和具体措施，保证有效应对。

6.4　风电场事故应急管理体系

6.4.1　建立健全应急管理组织

成立项目经理为组长，项目副经理和总工程师为副组长，各部门负责人为成员的应急管理工作领导小组，全面部署应急管理工作，落实领导负责人员配置，明确相关

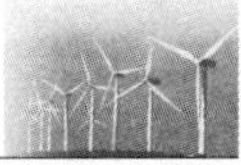

机构的职责分工，安全管理部门具体负责管理项目的应急事项。

6.4.2 主要职责

(1) 负责各项重大突发事故的处置，指导、协调和处理突发事故的应急处置工作。包括负责处理项目的社会稳定工作、协同各级公安部门、卫生部门及疾控中心负责项目重大突发性事故处理工作。

(2) 负责项目“重大突发事故预案”的制定、相关组织机构的建立和完善；组织开展各种应急救援演练工作；督查各部门的安全防范工作及措施落实，在事故发生时，负责事故应急救援的指挥协调、指导工作；做好安全管理和职工的日常安全教育及宣传工作。强化工作责任制，强化行政负责制，领导小组要明确职责责任，熟悉相关业务情况，在事故处理中，要积极会同有关部门，对事故危害进行科学监测，制定科学救护措施，实施正确的处理办法，对事故情况进行调查处理。

6.4.3 应急工作实施原则

(1)“统一指挥，分级负责”的原则。发生突发事故时，启动应急预案，由组长和安全管理部门统一指挥，各部门主要负责人迅速赶到现场，快速妥善处置，并及时向上级主管部门报告。若重大突发性事故的处理，超出项目部处理能力时，请求上级公司或当地政府部门出面协调，多方联动，形成合力，确保突发事故得到有效控制和快速处置，将损失减到最低限度。

(2)“系统联动，群防群控”的原则。发生重大突发性事故后，项目部处置重大突发事故领导小组有关成员及相关负责同志要紧急行动，立即深入现场开展工作。各部门负责人要按照应急预案的要求始终防守一线，积极做好协作工作。

(3)“快速反应、果断处置”的原则。进一步完善突发事故的快速反应机制，对各种影响稳定的苗头性、倾向性问题及安全隐患，要立足防范，抓小、抓早、以快制快。一旦发生重大事故，要确保发现、报告、指挥、处置等环节的紧密衔接，做到快速反应，及时应对，力争把问题解决在萌芽状态。

(4)“教育疏导，化解矛盾”的原则。若发生突发群体性事故，坚持“动之以情，晓之以理，可散不可聚，可顺不可激，可分不可结”的工作方法，加强正面宣传，积极教育引导，稳定情绪，及时化解矛盾，有效防止事态扩大。

(5)“措施得力，救人第一”的原则。项目部发生重大安全事故，应采取一切得力措施，确保职工人身安全。发生重大事故，在迅速报警的同时，应紧急组织职工安全有序疏散；发生重大车祸，迅速拨打交通事故、紧急救护电话，开展自护自救；发生食物中毒、卫生防疫等重大事故，在迅速报告卫生监督、疾病预防控制部门的同时，应紧急将中毒、受伤人员送往医院抢救；发生建筑安全事故，应积极组织抢险，救护受伤人员。发生安全事故，要坚持“救人第一”的原则。

6.4.4　突发事故处置步骤

突发事件发生后，应急处理领导小组及有关部门，负责组织对突发事件进行调查处理。通过对突发事件调查、现场勘验，采取控制措施等，对事件的危害程度做出初步评估。在进行事件调查和现场处理的同时，应当在第一时间将突发事件所致的伤亡人员送往就近医院或向“120”急救中心求助。受伤人员较多、情况比较复杂时，应同时向“110”求助。突发事件应急处理领导小组应组织人员立即保护现场，采取疏散、隔离等措施，加强管理，并做好职工思想政治工作，确保职工心态和情绪稳定。突发事件应急处理工作领导小组根据需要，可以采取中止活动、疏散等措施，并及时向上级部门汇报事件情况以及采取的应急措施。

6.4.5　后期处置

协同各部门采取措施恢复生产秩序，协同各主管部门处理善后工作，进行应急救援能力评估，重新修订应急预案。制定完善应急与演练的计划、方式和要求。

6.4.6　责任与奖罚

突发性事故应急处置工作实行责任追究制，强化工作责任制，强化行政负责制，各小组要明确职责责任，应熟悉相关业务情况，在事故处理中，要积极会同有关部门，对事故危害进行科学监测，制定科学救护措施，实施正确的处理办法，对事故情况进行调查处理。对于由于工作不力，措施不到位，没尽到责任而导致发生重大安全卫生事故或重大财产损失，形成一定影响的，要实行考核，情节严重者将追究责任人的行政责任和法律责任。

6.4.7　形成文件的信息

（1）企业制定的本单位应急管理体系。

（2）企业建立的突发事件应急领导机构的材料。

（3）企业突发事件应急领导机构责任制。

（4）企业建立的应急专家组材料。

（5）企业编制、发布的综合应急预案及专项应急预案。

（6）综合应急预案及专项应急预案在当地主管部门备案的函或回执。

（7）企业应急预案定期进行评审和根据评审结果修订和完善的记录。

（8）企业落实应急救援经费、医疗、交通运输、物资、治安和后勤等保障措施过

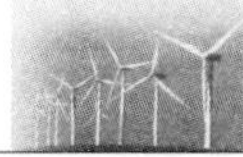

程提取费用的凭证或佐证材料。

(9) 应急物资、装备、器材台账。

(10) 对应急设施、应急装备、应急物资进行定期检查和维护的记录。

(11) 企业制定的3～5年应急演练规划方案。

(12) 企业制定的本年度应急预案培训计划、应急演练计划、应急培训记录、签到表。

(13) 应急预案演练方案、应急演练前培训或交底记录、应急预案演练过程的记录、图片等材料。

(14) 应急预案演练完成后对演练效果进行评估的报告或记录,根据演练效果评估结果修订、完善应急预案的记录或材料。

(15) 突发事件后对应急预案进行评价、改进的记录或材料。

(16) 突发事件后未对应急救援进行总结的报告。

6.5 风电场事故应急预案编制

风电场安全工作必须坚持“安全第一、预防为主、综合治理”的方针,加强人员安全培训,完善安全生产条件,严格执行安全技术要求,确保人身和设备安全。风电场应根据现场实际情况编制自然灾害类、事故灾难类、公共卫生事件类和社会安全事件类等各类突发事件应急预案,并定期进行演练。

6.5.1 应急预案体系构成

应急预案应形成体系,针对各级各类可能发生的事故和所有危险源制定专项应急预案和现场应急处置方案,并明确事前、事发、事中、事后的各个过程中相关部门和有关人员的职责。

1. 综合应急预案

综合应急预案是从总体上阐述事故的应急方针、政策,应急组织结构及相关应急职责,应急行动、措施和保障等基本要求和程序,是应对各类事故的综合性文件。

2. 专项应急预案

专项应急预案是针对具体的事故类别(洪水灾害、火灾、爆炸事故、触电事故等)、危险源和应急保障而制定的计划或方案,是综合应急预案的组成部分,应按照综合应急预案的程序和要求组织制定,并作为综合应急预案的附件。专项应急预案应制定明确的救援程序和具体的应急救援措施。

3. 现场处置方案

现场处置方案是针对具体的装置、场所或设施、岗位所制定的应急处置措施。现场处置方案应具体、简单、针对性强，根据风险评估及危险性控制措施逐一编制，事故相关人员应做到应知应会，熟练掌握，并通过应急演练，做到迅速反应、正确处置。

6.5.2　编制程序

应急预案编制过程中，应注重全体人员的参与和培训，使所有与事故有关人员均掌握危险源和危险性、应急处置方案和技能。应急预案应充分利用社会应急资源，与地方政府预案、上级主管单位以及相关部门的预案相衔接。

1. 应急预案编制工作组

成立以安委会主任为领导的应急预案编制工作组，明确编制任务、职责分工，制定工作计划。负责施工企业总的应急预案编制、指导项目应急预案编制和项目应急预案审批。项目部负责本项目应急预案编制、应急预案演练和应急管理工作。

2. 资料收集

收集应急预案编制所需的包括相关法律法规、应急预案、技术标准、国内外同行业事故安全分析、公司技术资料等各种资料。

3. 危险源与风险分析

在危险因素分析及事故隐患排查、治理的基础上，确定可能发生事故的危险源、类型和后果进行事故风险分析，并指出事故可能产生的次生、衍生事故，形成分析报告，分析结果作为应急预案的编制依据。

4. 应急能力评估

对应急装备、应急队伍等应急能力进行评估，并结合实际加强应急能力建设。

6.5.3　综合应急预案的编制内容

6.5.3.1　总则

综合应急预案的编制目的为简述应急预案编制的目的、作用等；编制依据为简述应急预案编制所依据的法律法规、规章，以及有关行业管理规定、技术规范和标准等；适用范围要说明应急预案适用的区域范围，以及事故的类型、级别。在应急预案体系中，要说明应急预案体系的构成情况和应急工作的原则，内容应简明扼要、明确具体。

6.5.3.2　危险性分析

1. 公司概况

公司地址、从业人数、隶属关系、主要原材料、主要产品、产量等内容，以及周

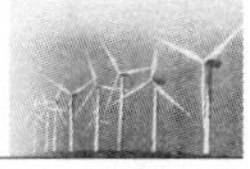

边重大危险源、重要设施、目标、场所和周边布局情况；必要时，可附图进行说明。

2. 危险源与风险分析

公司存在的危险源及风险分析结果。

6.5.3.3 组织机构及职责

1. 应急组织体系

明确应急组织形式，构成单位或人员，并尽可能以结构图的形式表示出来。

2. 指挥机构及职责

明确应急救援指挥机构总指挥、副总指挥、各成员单位及其相应职责。应急救援指挥机构根据事故类型和应急工作需要，可以设置相应的应急救援工作小组，并明确各小组的工作任务及职责。

6.5.3.4 预防与预警

1. 危险源监控

明确公司对危险源监测监控的方式、方法，以及采取的预防措施。

2. 预警行动

明确事故预警的条件、方式、方法和信息的发布程序。

3. 信息报告与处置

按照有关规定，明确事故及未遂伤亡事故信息报告与处置办法。信息报告与通知，明确 24 小时应急值守电话、事故信息接收和通报程序。信息上报，明确事故发生后向上级主管部门和地方人民政府报告事故信息的流程、内容和时限。明确事故发生后向有关部门或单位通报事故信息的方法和程序。

6.5.3.5 应急响应

1. 分级

针对事故危害程度、影响范围和单位控制事态的能力，将事故分为不同的等级。按照分级负责的原则，明确应急响应级别。

2. 响应程序

根据事故的大小和发展态势，明确应急指挥、应急行动、资源调配、应急避险、扩大应急等响应程序。

3. 应急结束

明确应急终止的条件。事故现场得以控制，环境符合有关标准，导致次生、衍生事故隐患消除后，经事故现场应急指挥机构批准后，现场应急结束。应急结束后应明确：事故情况上报事项；需向事故调查处理小组移交的相关事项；事故应急救援工作总结报告。

6.5.3.6 信息发布

明确事故信息的发布部门、发布原则，事故现场指挥部及时准确向新闻媒体通报事故信息。

6.5.3.7　后期处置

后期处置主要包括污染物处理、事故后果影响消除、生产秩序恢复、善后赔偿、抢险过程和应急救援能力评估及应急预案的修订等内容。

6.5.3.8　保障措施

1. 通信与信息保障

明确与应急工作相关联的企业或个人的通信联系方式和方法，并提供备用方案。建立信息通信系统及维护方案，确保应急期间信息通畅。

2. 应急队伍保障

明确各类应急响应的人力资源，包括专业应急队伍、兼职应急队伍的组织与保障方案。

3. 应急物资装备保障

明确应急救援需要使用的应急物资和装备的类型、数量、性能、存放位置、管理责任人及其联系方式等内容。

4. 经费保障

明确应急专项经费来源、使用范围、数量和监督管理措施，保障应急状态时生产经营单位应急经费的及时到位。

5. 其他保障

根据本单位应急工作需求而确定的其他相关保障措施（如交通运输保障、治安保障、技术保障、医疗保障、后勤保障等）。

6.5.3.9　培训与演练

明确对相关人员开展的应急培训计划、方式和要求。如果预案涉及社区和居民，要做好宣传教育和告知等工作。

明确应急演练的规模、方式、频次、范围、内容、组织、评估、总结等内容。

6.5.3.10　奖惩

明确事故应急救援工作中奖励和处罚的条件和内容。

6.5.3.11　附则

（1）术语和定义，对应急预案涉及的一些术语进行定义。

（2）应急预案备案，明确本应急预案的报备部门。

（3）维护和更新，明确应急预案维护和更新的基本要求，定期进行评审，实现可持续改进。

（4）制定与解释，明确应急预案负责制定与解释的部门。

（5）应急预案实施，明确应急预案实施的具体时间。

6.5.4 专项应急预案的编制内容

分析事故类型和危害程度，在危险源评估的基础上，对可能发生的事故类型和可能发生的季节及事故严重程度进行确定。明确处置安全生产事故应当遵循的基本原则。明确应急组织体系，明确应急组织形式、构成单位或人员，并尽可能以结构图的形式表示出来。明确指挥机构及职责，根据事故类型，明确应急救援指挥机构总指挥、副总指挥以及各成员单位或人员的具体职责。应急救援指挥机构可以设置相应的应急救援工作小组，明确各小组的工作任务及主要负责人职责。

危险源监控，明确对危险源监测监控的方式、方法，以及采取的预防措施。预警行动，明确具体事故预警的条件、方式、方法和信息的发布程序。

6.5.4.1 信息报告程序

确定报警系统及程序，确定现场报警方式，如电话、警报器等，确定24小时与相关部门的通信、联络方式，明确相互认可的通告、报警形式和内容，明确应急反应人员向外求援的方式。

6.5.4.2 应急处置

1. 响应分级

针对事故危害程度、影响范围和控制事态的能力，将事故分为不同的等级。按照分级负责的原则，明确应急响应级别。

2. 响应程序

根据事故的大小和发展态势，明确应急指挥、应急行动、资源调配、应急避险、扩大应急等响应程序。

3. 处置措施

针对事故类别和可能发生的事故特点、危险性，制定的应急处置措施（如煤矿瓦斯爆炸、冒顶片帮、火灾、透水等事故应急处置措施，危险化学品火灾、爆炸、中毒等事故应急处置措施）。

4. 应急物资与装备保障

明确应急处置所需的物质与装备数量、管理和维护方案、正确使用方法等。

6.5.5 现场处置方案的编制内容

现场处置方案的主要内容应包括：

（1）事故特征：包括危险性分析，可能发生的事故类型；事故发生的区域、地点或装置的名称；事故可能发生的季节和造成的危害程度；事故前可能出现的征兆。

（2）应急组织与职责：包括基层单位应急自救组织形式及人员构成情况；应急自

救组织机构、人员的具体职责，应同单位或车间、班组人员工作职责紧密结合，明确相关岗位和人员的应急工作职责。

(3) 应急处置：包括事故应急处置程序。根据可能发生的事故类别及现场情况，明确事故报警、各项应急措施启动、应急救护人员的引导、事故扩大及同企业应急预案的衔接的程序。现场应急处置措施。针对可能发生的火灾、爆炸、危险化学品泄漏、坍塌、水患、机动车辆伤害等，从操作措施、工艺流程、现场处置、事故控制、人员救护、消防、现场恢复等方面制定明确的应急处置措施。报警电话及上级管理部门、相关应急救援单位联络方式和联系人员，事故报告基本要求和内容。

(4) 其他：如个人防护器具佩戴、抢险救援器材、救援对策或措施、现场自救和互救、现场应急处置能力确认和人员安全防护、应急救援结束后序等的注意事项。

6.5.6　评审、修订和发布

1. 评审原则

实事求是、符合单位应急管理工作实际。

2. 评审依据

(1) 有关法律、法规、规章和标准，以及有关方针、政策和文件。

(2) 地方政府、上级有关部门以及本行业有关应急预案及应对措施。

(3) 可能存在的事故风险和生产安全事故应急能力。

3. 评审人员要求

熟悉并掌握国家有关法律、法规及规章；熟悉并掌握《生产经营单位安全生产事故应急预案编制导则》和应急知识；熟悉企业生产工艺流程和安全生产管理工作。

4. 评审程序

(1) 应急预案编制完成后，应在广泛征求意见的基础上，采取会议评审的方式进行审查。会议评审规模和参加人员由安全部门上报应急管理工作小组后确定。

(2) 评审准备。落实参加评审的单位和人员；通知参加评审的单位或人员具体评审时间；将被评审的应急预案在评审前送达参加评审的单位或人员。

(3) 会议评审。评审工作由应急管理工作领导小组负责人主持；应急预案编制单位或部门向评审人员介绍应急预案编制或修订情况；评审人员对应急预案进行讨论，提出会议评审意见；应急管理工作领导小组根据会议讨论情况，提出会议评审意见；讨论通过会议评审意见，参加会议评审人员签字。

(4) 安全管理部门应采取演练的方式对应急预案进行论证，必要时要求其他部门参加。评审应当形成书面纪要并附有专家名单。

（5）修订完善及意见处理。对各位评审人员的意见进行协调和归纳，综合提出预案评审的结论性意见。认真分析研究评审意见，按照评审意见对应急预案进行修订和完善。反馈意见要求重新评审的，应组织重新进行评审。

5. 评审方法

应急预案评审分形式评审和要素评审，评审采取符合、基本符合、不符合三种方式简单判定，对于基本符合和不符合的项目，应提出指导性意见或建议。

（1）形式评审。根据有关规定和要求，对应急预案的层次结构、内容格式、语言文字和制定过程等内容进行审查。形式评审的重点是应急预案的规范性和可读性。应急预案形式评审内容及要求。

（2）要素评审。根据有关规定和标准，要从符合性、适用性、完整性、针对性、科学性、规范性和衔接性等方面对应急预案进行评审，具体如下：

1）符合性：应急预案的内容是否符合有关法规、标准和规范的要求。

2）适用性：应急预案的内容及要求是否符合本单位实际情况。

3）完整性：应急预案的要素是否符合指南评审规定的要素。

4）针对性：应急预案是否针对可能发生的事故类别、重大危险源、重点岗位部位。

5）科学性：应急预案的组织体系、预防体系、信息报送、响应程序和处置方案是否合理。

6）规范性：应急预案的层次结构、内容格式、语言文字等是否简洁明了，便于阅读和理解。

7）衔接性：综合应急预案、专项应急预案、现场处置方案以及其他部门或单位预案是否衔接。

关于要素，又分为关键要素和一般要素。其中：①关键要素，是应急预案构成要素中必须规范的内容，内容涉及生产经营单位日常应急管理及应急救援时的关键环节，如应急预案中的危险源与风险分析、职责机构及职责、信息报告与处置、应急响应与处置技术等；②一般要素，是应急预案要素中简写或可省略的内容，内容不涉及生产经营单位日常应急管理及应急救援时的关键环节，而是预案构成的基本要素，如应急预案中的编制目的、编制依据、适用范围、工作原则、单位概况等。

6. 修订和发布

应急预案根据评审提出的意见由原编制人员进行修订，修订后经评审人员确认方可提交发布单位。企业级应急预案由施工企业安委会主任签署发布；各项目部应急预案由负责人签署发布，发布前在企业安全管理部门和有关法规要求在政府安全监管部门进行备案。发布应以文件形式正式发布。

6.5.7　专项应急预案的编制内容

风电场施工一般情况应编制的专项应急预案包括但（不限于）：高空坠落人身伤亡事故应急预案、人身触电应急预案、高温中暑应急预案、交通人身伤害应急预案、异常气候应急预案（包括防台、防洪、防汛、防雷）、火灾（消防）应急预案、坑壁或边坡垮塌事故应急预案、物体打击事故应急预案、起重伤害事故应急预案、食物中毒应急预案。

6.5.8　现场处置方案

现场处置方案主要包括人身伤亡事故现场处置方案、坍塌事故现场处置方案、火灾爆炸事故现场处置方案、触电事故现场处置方案、机械设备突发事件现场处置方案、食物中毒现场处置方案、环境污染事件现场处置方案、急性传染病现场处置方案、恶劣天气现场处置方案、交通事故现场处置方案等。

6.6　风电场应急预案演练

安全管理部门每年制定下发《应急演练计划》，明确演练内容，应急演练每年不得少于 1 次；在进行应急演练前，要制定演练方案。培训、演习由安全管理部门负责，应针对应急队伍和全体员工进行。

6.6.1　应急演练内容

应急演练内容包括：演练时间、目标和演练范围；演练方案和演练方式；演练现场流程；指定演练效果评价人员；安排相关的后勤工作；编写书面报告；演练人员进行自我评估；针对不足及时制定改正措施并保证实施。

6.6.2　演练检验和评价

评价人员配备的合理性、充分性，参与人员的反应能力与处理能力，应急预案的操作性，应急设备的充分性、可用性与有效性，应急预案的组织协调性，外部机构相应的及时性，应急预案的经济性及有效性。

6.6.3　演练评估

应急演练结束后，演练单位要对演练情况进行总结，编写书面报告，演练人员要进行自我评估，对演练中发现的问题，及时提出整改措施，形成《应急演练总结报告》，修订完善应急预案，存档备查。

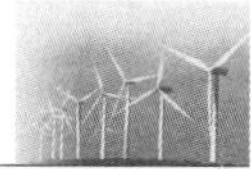

6.7 风电场事故报告

6.7.1 事故报告

（1）事故发生后，事故现场人员在采取紧急处置措施的同时，应立即向项目部报告。

（2）项目部负责人要第一时间快速将事故的基本情况报告施工企业安全管理部门、公司主管领导，项目部在事故上报时，要说明包括事故发生时间、事故发生地点、事故类别、事故伤亡情况、事故发生后采取的应急措施等基本情况；待事故现场应急救援处置结束后，项目部要将事故的详细情况形成《事故快速报告单》，并以书面形式报告施工企业。

事故快速报送单包括：企业详细名称地址；发生事故时间（年、月、日，时：分）；事故发生地点；事故类别；事故伤亡情况即死亡、重伤、失踪人；事故的经过和初步原因分析；事故发生后采取的应急措施和其他情况；发生事故项目的相关企业（如建设企业、设计企业、施工企业、监理企业、检测试验企业、设备供货企业等）的有关情况。

（3）公司要在接到项目部事故报告后，立即核实事故现场基本情况后由施工企业负责人，在1小时内向上级报告。同时，按照指令向事故发生地县级以上人民政府安全生产监督管理部门和负有安全生产监督管理职责的有关部门报告（道路交通、火灾等其他事故应向当地政府有关部门报告）。

情况紧急时，事故现场有关人员可以直接向事故发生地县级以上人民政府安全生产监督管理部门和负有安全生产监督管理职责的有关部门报告。事故报告内容，包含事故发生的时间、地点、单位；事故类型，事故发生的简要经过，事故已经造成或者可能造成的伤亡人数（包括下落不明的人数）、初步估计的直接经济损失；已经采取的措施和其他应当报告的情况。

6.7.2 事故响应

（1）施工企业负责人接到事故报告后，应当立即启动相应的事故应急预案，迅速采取有效措施，组织抢救，防止事故扩大，减少人员伤亡和财产损失。

（2）事故报告后出现新情况的，项目部应当及时向施工企业补充报告。自事故发生之日起30天内，事故造成的伤亡人数发生变化的，应当及时补充报告。道路交通事故、火灾事故自事故发生之日起7天内，事故造成的伤亡人数发生变化的，应当及时补充报告。

（3）事故发生企业应当妥善保护事故现场及相关证据，任何企业和个人不得破坏事故现场、毁灭相关证据。因抢救人员、防止事故扩大以及疏通交通等原因，需要移动事故现场物件的，应当做出标志，绘制现场简图并做出书面记录，妥善保存现场重要痕迹、物证。

（4）事故报告应当及时、准确、完整，任何企业和个人对事故不得迟报、漏报、谎报或瞒报。

（5）必须以“实事求是、尊重科学”和“四不放过”的原则，报告、调查、处理和统计生产安全事故。

6.8 风电场事故调查

6.8.1 事故调查

事故发生后，由施工企业安全管理部门组织相关部门人员组成调查组，按照事故等级进行调查，或协助上级单位事故调查处理组或地方政府相关部门开展事故调查、协调工作，事故发生单位应积极配合。主要工作内容如下：

（1）事故发生单位按规定保护事发现场。

（2）事故调查组进驻现场，进行拍照、录像、测量及绘制现场示意图。

（3）向现场工作人员、目击者和知情人员了解事故发生过程及后果，进行记录和录音，相关人员应在笔录上签名和按手印。

（4）向当事人及单位负责人进行调查，进行记录和录音，相关人员应在笔录上签名和按手印。

（5）查阅相关生产活动过程记录和文件等资料，并复印留存。

（6）委托相关检测机构，对导致事故发生的设备、材料及环境进行必要的检测和试验，并提供检测或试验报告。

（7）对伤、亡人员工伤性质认定及负伤人员劳动能力鉴定的申报工作。协助伤亡事故善后处理工作，落实国家工亡抚恤政策，监督事故调查处理。

（8）负责事故的新闻发布工作。

6.8.2 事故调查原则

事故调查必须坚持实事求是、尊重科学的原则。应及时、准确地查清事故原因、经过、损失，查明事故性质，认定事故责任，总结经验教训，提出整改措施和责任追究建议，形成事故调查报告。

6.8.3　事故调查报告

事故调查报告应包括以下主要内容：

（1）事故发生单位概况：工程或生产现场基本情况；事故单位基本情况；参与工程建设或生产的相关单位基本情况。

（2）事故经过和应急救援情况：事故经过和抢救情况；人员伤亡或失踪情况；直接经济损失情况；现场及后方应急救援、善后处理情况。

（3）事故原因和事故性质：分析、查明事故发生的直接原因、间接原因及其他原因，明确事故性质。

（4）事故责任认定及处理建议：根据责任大小和承担责任的不同认定事故的各类责任；提出对事故责任单位的经济处罚建议；提出对事故责任者的组织处理、纪律处分以及经济处罚建议。

（5）事故防范和整改措施：总结事故发生单位和相关单位以及有关人员应吸取的教训；针对事故单位存在的问题，提出事故防范措施和整改建议。事故调查工作结束后，事故调查的有关资料应当归档保存。

6.9　风电场安全事故处理

6.9.1　处理原则

（1）事故处理坚持事故原因未查清不放过、责任人员未处理不放过、整改措施未落实不放过、有关人员未受到教育不放过的“四不放过”原则。对于责任事故不仅要追究事故直接责任人的责任，同时要追究有关负责人的领导责任。未遂事故要按事故对待，同样要按照“四不放过”原则进行调查处理。

（2）生产安全事故处理贯彻“以责论处”的原则。按照上级单位、事故发生地人民政府对事故处理的批复，或者根据发生生产安全事故的类别，以及导致生产安全事故发生所负有的责任，对本单位负有事故责任的人员进行处理。负有事故责任的人员涉嫌犯罪的，依法追究刑事责任。

6.9.2　追究原则

（1）坚持以事实为依据，以法律为准绳，以岗位责任划分确定安全事故责任人，根据事故严重程度、责任人承担责任大小及作业风险对责任人进行追责。事故追责坚持“从严治安”的原则。

（2）安全事故责任追究分为行政处罚和经济处罚，行政处罚和经济处罚可以并处。

(3) 事故责任追究，原则上待事故调查处理组调查结论出来后 30 天内进行，特殊情况可根据内部调查结论从快进行，处理结果与政府、上级单位调查处理意见不一致时，按照从重原则处理。

(4) 对上级单位、施工企业安全生产监督检查中发现的安全生产隐患，拒不整改、未按限期和要求整改、整改不到位的，视同安全事故，根据情节，由安全管理部门依据相关条款提出行政处理和经济处罚初步建议，由施工企业安委会作出最终处罚决定。

6.9.3　处罚

处罚包括行政处罚、经济处罚和刑事处罚。其中，行政处罚包括组织处理和处分两类：组织处理包括批评教育（警示谈话）、责令检查（诫勉谈话）、通报批评、停职检查、引咎辞职、免职；处分包括警告、记过、降低岗级、撤职、解除劳动关系，且员工在受处分期间不得晋升职务和岗级。此外，按照事故处理权限，对施工企业主要负责人以及相关人员进行经济处罚。在事故中，凡涉及违法情节的责任者由司法机关予以刑事处罚。

6.9.4　事故总结

事故发生单位应当认真吸取事故教训，落实防范和整改措施，防止事故再次发生。防范和整改措施的落实情况应当接受工会和员工的监督。

第7章　风电场安全生产统计分析

风电场安全生产统计主要包括安全生产事故统计、职业卫生统计、生产事故统计、绩效评定。

7.1　安全生产事故统计

完整的统计工作基本步骤一般包括设计、整理资料、统计分析。设计即制定统计计划，对整个统计过程进行策划。然后，收集资料（现场调查），确保资料的真实性。收集的方法统计报表、日常性工作、专题调查。然后，原始资料的整理、清理、核实、查对，做到条理化、系统化，便于计算和分析。最后，统计分析。运用统计学的基本原理和方法，分析计算有关的值班和数据，揭示事件内部的规律。

风电场职业卫生、安全生产统计坚持“归口直报”和“先行填报、调查认定、信息公开、统计核销”的原则。“归口直报”，是指风电场发生的职业卫生、环境、安全等事故，由工程所在地的县级以上安监局归口统计后，报“安全生产综合统计信息直报系统”。

7.2　职业卫生统计

风电场工程应根据建筑规模、周边社会资源、安全卫生特征等具体情况，建立职业健康监督体系，设置职业卫生管理机构，配备专职或兼职卫生管理人员；按工程区地方疾病资料，为作业人员配备相应的预防和治疗疾病的药物与设施。

7.2.1　职业卫生管理内容

施工企业应将职业健康工作列为本单位的重要工作，应根据规模及活动性质，建立并保持职业卫生体系。设置或者指定职业卫生管理机构或者组织，配备专职或者兼职的职业卫生管理人员，负责本单位的职业病防治工作。并满足国家法律法规和上级对职业健康工作的要求，主要管理以下内容：

（1）施工企业的职业卫生方针和目标，职业卫生管理体系框架内的管理方案、程序、作业指导书和其他内部文件。

（2）新职工招聘，应当签订劳动合同，并应当如实告知，工作内容、职业危害、安全状态等有关情况，使其拥有相应的知情权。

（3）严格执行国家现行工作与休假制度，保证职工享受国家法定节假日。

（4）按规定及时发放劳动保护用品或者支付劳动保护用品补贴，使职工劳动得到保护，积极预防职业病发生。

（5）对于从事有毒、有害、高空、高寒、高温、井下、水上等环境作业的职工，除了采用必要的保护措施，发放劳动保护用品外，还应该发放保健津贴或补贴。在高原和艰苦边远地区工作的职工，也应该享受相应的津贴和补贴。

（6）关心女职工身心健康，应避免女职工从事高空、过重的体力劳动；避免在经期、孕期、哺乳期从事禁忌作业。

（7）积极为职工办理养老、医疗、失业、工伤、生育等社会保险，减少职工后顾之忧，使其劳动权益得到有效保障。

（8）在工作开展前应进行必要的职业健康知识培训，同时告知作业人员职业健康危害和安全状态，并进行危险点识别，制定措施，落实到位，保留记录。

（9）职工职业健康管理措施记录要按规定如实及时明确记录，同时对记录事实进行评价，并能在不同层次检查时提供相应记录。

（10）项目部根据有关职业病报告管理规定，按《职业病统计报表》格式定期向施工企业和地方相关部门报告职业病发生、发展情况。

7.2.2　职业卫生常用统计指标

（1）发病（中毒）率。发病（中毒）率是指在观察期内，可能发生某种疾病（或中毒）的一定人群中新发生该病（中毒）的频率。发病（中毒）率是反映某病（中毒）在人群中发生频率大小的指标，常用于衡量疾病的发生，研究疾病发生的因果关系和评价预防措施的效果。

（2）病死率。病死率是指在规定的观察时间内，某病患者中因该病而死亡的频率。

（3）患病率。患病率是指分析在某时刻检查时可能发生某种病的固定人群中，患病总数所占比例，其中该病病例总数包括新病例和旧病例，凡患该病的一律统计在内，但同一人不应同时成为同一疾病的两个病例。这一指标最适用于病程较长的疾病的统计研究，用于衡量疾病的存在，反映该病在一定人群中的流行规模或水平。

（4）粗死亡率。粗死亡率也称普通死亡率，是指某年平均每千名人口中的死亡数。粗死亡率和粗出生率一样，具有资料易获得、计算简单的优点，但其高低受人口

年龄构成的影响，故只能粗略地反映人口的死亡水平，不能用来衡量和评价一个国家的卫生文化水平。

7.2.3 职业卫生统计报表

根据《职业病防治法》规定：用人单位和医疗卫生机构发现职业病病人或疑似职业病病人时，应当及时向所在地卫生行政部门报告。确诊为职业病的，用人单位还应当向所在地劳动保障行政部门报告。统计报表要包括：职业病危害现状统计表、职业健康监护表；接触职业病危害因素人员职业史；职业病危害作业人员分布统计表；职业病危害作业人员登记表；接触职业病危害因素人员健康检查情况登记表；食品卫生状况登记表；传染病、职业病月报表；职业病防治知识培训统计表；职业病防护设施登记表；个人防护用品发放登记表。

7.3 生产事故统计

7.3.1 事故统计

风电场易发生的事故有10类，包括车辆伤害、触电、高处坠落、火灾和爆炸、机械伤害、其他伤害、起重伤害、坍塌、物体打击、中毒和窒息。

事故事件统计分析和上报工作应全面、系统、科学，兼顾普遍性和特殊性，积极采用科学的分析方法和工具。做到客观、细致、重点突出和逻辑性强。要与可靠性分析相结合，客观评价安全生产水平，为安全生产管理和监督提供科学根据。事故统计报告应坚持及时、准确、真实、完整原则。

若是人身死亡、重伤事故，事故调查组或事故发生单位（项目部）填写“人身伤亡事故调查报告书”“人身死亡事故报表”。一次事故多人伤亡，按一人一张填报人身事故伤亡报表。若是设备、起重、火灾事故，需填写“设备事故调查报告书”“设备事故报表”“火灾事故调查报告书”。

7.3.2 报表制度

施工企业应及时登录“安全生产管理信息系统”，按规定填报录入事故相关内容。各项目部按时向施工企业安全管理部门报送“生产事故月报表”。

7.4 绩 效 评 定

施工企业安全生产标准化领导小组对安全生产标准化绩效评定工作全面负责；组

织安全生产标准化绩效评定考核工作；审核企业安全生产标准化评定计划。

企业安全管理部门负责按照制定的绩效评定计划组织实施绩效评定工作；负责检查安全生产标准化的实施情况，并对绩效评定过程中发现的问题，制定纠正、预防措施，落实企业安全生产标准化实施情况考核；负责通报安全生产标准化工作评定结果。

7.4.1　评定计划

（1）施工企业安全管理部门每年年末制定年度评定工作计划，经批准后以文件形式发布实施。

（2）安全管理部门依据评定工作计划制定具体的实施方案。施工企业对所属项目安全生产标准化年抽检比例不低于项目总数的50%；各项目部100%开展安全生产标准化自查自纠。

（3）评定实施方案包含以下内容：评定目的、范围、依据、时间和方法；评定的主要项目；评定组构成及分工；特殊情况说明。

7.4.2　评定方法

（1）安全生产标准化绩效评定通过检查记录、检查现场、记录表打分和面谈等方法，通过系统的评估与分析，依据《企业安全生产标准化基本规范》（GB/T 33000—2016）等标准进行打分，最后得出可量化的绩效指标。

（2）根据绩效指标验证各项安全生产制度措施的适宜性、充分性和有效性，检查安全生产工作目标、指标的完成情况。

（3）利用安全检查监督过程对安全生产标准情况进行评定。

（4）评定工作以正式文件形成向所有部门、单位、从业人员通报，并作为年度安全绩效考评的重要依据。

7.4.3　评定组织及周期

（1）施工企业每年组织一次安全生产标准化绩效评定工作。各项目每年应至少组织1次安全生产标准化自评并持续改进。编制安全生产标准化自查评报告，内容主要包括：

1）本单位整体概况及安全管理现状。

2）安全生产标准化开展情况，主要包括：本单位及项目部安全生产标准化开展总体情况。

3）核心要素查评情况：对本单位部门或抽查项目安全生产标准化开展情况进行综合分析，客观真实地填写“安全生产标准化查评表”，查评表应具体描述查证情况及存在问题。

4）自查评发现的主要问题及整改情况。

5）自查评结论，主要描述安全生产标准化体系是否持续、有效运行。

6）附件主要包括工作方案正式文件、领导参会签到表及带队评审照片、在建项目清单、核心要素查评表、整改计划或整改复核情况等。

（2）安全管理部门根据被评审单位及评审内容，提出评定组的人员构成，经施工企业领导小组同意，构成评定小组。并经本单位的安委会通过，可申请相关方人员或其他专业人员加入评定小组。

（3）评定小组根据评定相关的文件和标准，并根据评分细则进行评定；以正式文件形式对评定结果进行下发通报。

7.4.4 评定过程

1. 首次会议

每次评定首次会议标志着评定工作的开始，安全标准化绩效评定小组召开会议。会议应明确下列问题：介绍评定组与受评定单位（部门）的有关情况，并建立相互联系的方式和沟通渠道；明确评定的目的、范围、依据、时间和方式；澄清评定安排计划中有关的不明确的内容；其他有关的必要事项。

2. 现场评定

评定的内容根据《企业安全生产标准化评审标准》等所列的内容进行，评定人员应根据具体情形灵活安排评定的排序。评定人员应通过检查文件（记录）、观察有关方面的工作及其现状等多种方式来收集证据。评定人员将评定情况如实、完整地填入“评定检查表”中，当发现违反法律法规、规章制度及相关标准的情况时，必须得到受评审单位相关人员的确认，并根据发现问题进行打分。

3. 末次会议

末次会议主要是评定小组向受评定的单位通报评定结果，提出不符合项的整改要求和建议，并解答不明确事项等。

评定小组在现场评定结束后3天内整理评定中发现的问题，发送至责任单位，责任单位确认、签收，制定纠正措施计划并限期整改存在问题。

7.4.5 评定报告

（1）评定小组应在次年年初依据评定结果编写《企业年度绩效评定报告》，评定报告的内容包括：单位概况、安全生产管理及绩效、评审情况、得分及得分明细表、存在的主要问题及整改建议、评定结论、现场评审人员组成及分工。

（2）安全标准化工作组召开评审会议，就各项目开展安全生产标准化工作的适宜性、充分性、有效性作出正式评价，分清和落实存在问题的责任部门，确定改进（变更）或纠正（预防）措施。安全管理部门根据绩效评定会议记录编写《安全生产标准化绩效评定报告》，以正式文件形式发布，并告知相关部门和人员。

7.4.6　绩效评定结果跟踪、验证

根据《安全生产标准化绩效评定报告》的要求，各项目部实施改进（变更）或纠正（预防）措施。

安全管理部门对改进（变更）或纠正（预防）措施的实施情况跟踪、检查、验证、记录，并负责向主管领导报告。对于纠正效果不符合要求的，应重新制定纠正预防措施经审批后组织实施。

7.4.7　评定记录与归档

各项目部依据有关安全生产文件及档案管理制度对绩效评定记录进行整理、归档、保存，建立台账。

7.4.8　绩效考核和分析改进

施工企业将安全生产标准化实施情况的评定结果，纳入各单位年度安全生产绩效考评，对认真履行安全生产职责并在实施安全生产标准化过程中取得成绩的单位和有关人员予以表彰和奖励；对安全生产标准化责任不落实、开展不力的单位和有关人员给予批评和处罚；对失职、渎职或严重违反规程、制度，但没造成严重后果的，应按照已经构成的事故处理并给予相应批评和处罚。

各项目根据安全生产标准化评定结果，制定持续改进计划，修订和完善记录。组织制定完善安全生产标准化的工作计划和措施，实施计划、执行、检查、改进动态循环模式（PDCA），不断持续改进，提高安全绩效。

附　　表

附表1　风电场工程隐患排查主要内容划分表

检查项目		检查内容	检查方式	检查结果
从业资格	企业资质	取得省级以上建设主管部门颁发的“安全生产许可证”	查阅台账	
		取得县级以上人民政府主管部门颁发的“施工许可证”		
		取得“建筑业企业资质证书”		
	组织机构	具有安全生产管理机构、配备专职安全生产管理人员	查阅台账、询问	
	从业人员	（1）主要负责人和安全员由市级以上安全生产监督管理局颁发的“安全生产知识和管理能力考核合格证”。 （2）特种作业人员取得“特种作业操作资格证”	查阅台账	
安全生产基础管理	规章制度	（1）有安全生产责任制度，安全职责明确。 （2）有安全目标管理及考核制度。 （3）制定了安全操作规程、安全技术标准、规范和操作规程齐全。 （4）有安全生产检查制度，定期进行安全检查并保留记录。 （5）有安全生产例会制度，并有会议记录。 （6）有安全生产奖惩制度。 （7）有重大事故隐患登记、整改、销案制度。 （8）有危险作业审批制度	查阅台账、询问	
	安全教育	（1）从业人员定期培训，有培训教育档案；主要负责人和安全生产管理人员培训时间不少于48学时；每年再培训时间不得少于16学时。 （2）企业新进员工“三级安全教育”包括入场教育、车间教育和班组教育。 （3）培训时间不得少于48学时。 （4）调整工作岗位或离岗一年以上重新上岗，应进行相应的车间安全生产教育培训	现场检查、询问	
	安全投入	（1）按规定足额提取和使用安全生产经费，缴纳安全生产风险抵押金。 （2）安全生产宣传、教育和培训费用。 （3）安全技术措施资金。 （4）安全设备设施的更新、维护费用	查阅台账	
施工管理	文明施工	（1）施工现场进出口应有大门，门口处悬挂“五牌一图”，有门卫，门头应设置企业标志。 （2）市区主要路段的工地周围设置高于2.5m的围挡，一般路段的工地周围设置高于1.8m的围挡，围挡应沿工地四周连续设置，建筑材料、构件、料具按总平面布局堆放。 （3）建筑材料、构件、料具按总平面布局堆放；料堆应挂名称、品种、规格等标牌；堆放整体，做到工完场地清。易燃易爆物品分类存放。施工现场应能够明确区分工人住宿区、材料堆放区、材料加工区和施工现场，材料堆放加工应整体有序。 （4）围栏设置高度应高于1.8m，坚固、稳定，在工地四周连续设置施工工地地面应做硬化处理；施工场地应该有排水措施，排水应通畅，没有积水	现场检查、查阅台账	

续表

<table>
<tr><th colspan="2">检查项目</th><th>检　查　内　容</th><th>检查方式</th><th>检查结果</th></tr>
<tr><td rowspan="7">施工管理</td><td>管理措施</td><td>（1）爆破、吊装等危险作业有专门人员进行现场安全管理。
（2）人、车分流，道路畅通，设置限速标志，场内运输机动车辆不得超速、超载行驶或人货混载；驾驶员持证上岗。
（3）有工程安全技术交底制度；交底针对性强、全面，履行签字手续。在建工地禁止住人</td><td>现场检查、查阅台账</td><td></td></tr>
<tr><td>脚手架</td><td>建筑高空作业应当按规定由专业人员（持证）搭建脚手架，铺设安全网等防护措施。
（1）架管、扣件安全网等合格证及检测资料。
（2）有脚手架、卸料平台施工方案。
（3）有验收记录（含脚手架、卸料平台、安全网、防护棚、马道模板等）。
（4）有架子、卸料平台安全技术交底</td><td>现场检查、查阅台账</td><td></td></tr>
<tr><td>基坑支护</td><td>（1）深度超过 2m 的基坑施工有临边防护措施。
（2）按规定进行基坑变形监测，支护设施已产生局部变形应及时采取措施调整。
（3）人员上、下应有专用通道。
（4）垂直作业上、下应有隔离反防护措施</td><td>现场检查</td><td></td></tr>
<tr><td>临时用电</td><td>（1）施工现场应做好供用电安全管理，并有临时用电方案配电箱开关箱要符合“三级”配电两级保护。
（2）设备专用箱做到“一机、一闸、一漏、一箱”，严禁一闸多机。
（3）配电箱、开关箱拥有防尘、防雨措施。
（4）现场照明专用回路应有漏电保护；潮湿作业未使用 36V 以下安全电压；手持照明灯使用 36V 及以下电源供电不得使用其他金属丝代替熔丝。
（5）配电线路无老化、破皮。
（6）有备用的“禁止合闸、有人工作”标志牌。
（7）电工作业应配备绝缘防护用品，持证上岗</td><td>查阅台账、现场查看</td><td></td></tr>
<tr><td>爆破作业</td><td>（1）火工材料严格执行存储、领用、发放制度。
（2）爆破作业人员必须经过专业培训，且持证上岗。
（3）爆破方案经过相应评审、论证，且完成安全技术交底工作。
（4）严格执行爆破作业安全规程，切实做好作业前后的安全检查和安全处理</td><td>查阅台账、现场查看</td><td></td></tr>
<tr><td>起重作业</td><td>（1）起重机械应有超高和力矩限制器、吊钩保险装置等安全保护装置；起重机械应制定安拆方案，安装完毕有验收资料或责任人签字。
（2）司机、司索指挥持有效证件上岗，作业人员岗前接受过“三级”教育及安全技术交底。
（3）应编制施工吊装专项方案，方案经过评审、论证。
（4）作业面地耐力符合要求，地面铺垫措施达到要求。
（5）有设备运行维护保养记录。
（6）起重吊装作业应设警戒标志，并设专人警戒</td><td>查阅台账、现场查看</td><td></td></tr>
<tr><td>其他</td><td>（1）气瓶有无防震圈和防护帽。
（2）乙炔瓶不得倒置，氧气瓶、乙炔瓶间距不小于 5m，两瓶与明火距离不小于 10m</td><td>现场检查</td><td></td></tr>
</table>

续表

检查项目		检查内容	检查方式	检查结果
安全设施	安全警示标识	（1）有现场安全标识。 （2）在有较大危险因素的生产经营场所和有关设施、设备上，设置明显的安全警示标识	查阅台账、现场检查	
	安全设备	有维护、保养、检测记录；能保证正常运转	查阅台账、现场检查	
	防爆技术措施	在有易燃易爆气体和粉尘的作业场所，应当使用防爆型电气设备或采取有效的防爆技术措施	查阅台账、现场检查	
	安全防护设施	（1）建筑工地应有安全帽、安全带、安全网防护。 （2）在建工程的楼面临边、屋面临边、阳台临边、升降口临边、基坑口临边等都有防护措施。 （3）在高处外墙安装门、窗，无外脚手架时应张挂安全防护网；无安全防护网时，操作人员应系好安全带，其保险钩应挂在操作人员上方的可靠物件上。 （4）防护棚搭设与拆除时，应设置警戒区，并应派专人监护，严禁上下同时拆除	查阅台账、现场检查	
职业卫生管理制度	职业病防治责任制	有职业卫生工作档案；有职业体检档案	查阅台账	
	劳保用品使用	（1）进入生产经营现场按规定正确佩戴安全帽，穿防护服装；从事高空作业应当系安全带和保险绳。 （2）电气作业应当穿戴绝缘防护用品	现场检查	
事故隐患和应急救援	应急组织	有应急救援组织或兼职的应急救援人员	查阅台账、询问	
	事故隐患管理制度	每季度至少组织督促、检查1次本单位安全生产，及时消除安全事故隐患，检查及处理情况记录在案	现场检查	
		事故隐患整改要做到定人、定时间、定措施	查阅台账	
	事故应急救援管理制度	（1）有应急救援预案。 （2）有演练记录。 （3）负责人和从业人员能够掌握预案内容。 （4）岗位职责是否明确。 （5）配备了必要的应急设备、设施。 （6）应急组织有明确的联络方式，以便单位负责人接到事故报告后能够迅速采取有效措施	查阅台账、询问、听取汇报	
事故管理	事故统计报告制度	（1）按事故报告程序及时、如实向政府有关部门报告事故的发生情况。 （2）有填写事故调查报告	查阅台账、询问	
	事故调查	“四不放过”执行情况：事故原因不清楚不放过；事故责任者和应受教育者没有受到教育不放过；没有采取防范措施不放过；事故责任者没有受到处罚不放过		
特种设备	安全性能	有特种设备使用证或安全检验合格标志	现场检查、查阅台账	
		安全监督机构进行登记备案管理	查阅台账	
	维修保养	有维修保养制度；有维修、保养和定期检测情况	查阅台账、现场检查	

续表

检查项目		检　查　内　容	检查方式	检查结果
消防	管理制度	（1）制定消防安全管理制度、消防安全操作规程。 （2）防火安全责任制，消防安全责任人。 （3）对职工进行消防安全教育。 （4）防火检查，及时消除火灾隐患。 （5）建立防火档案，确定重点防火部位，设置防火标志。 （6）灭火和应急疏散预案，定期演练	查阅台账、现场检查	
	设施设备	按规定配备相应的消防器材、设施	现场检查	
	消防疏散通道	疏散标志明显、疏散通道保持畅通		

附表2　安全生产隐患排查治理情况统计表

填报单位：　　　　　　　　　　　　　　　　　　　　　　填报日期：

在建工程数	排查治理隐患项目部数	一般隐患			重　大　隐　患									
					排查治理重大隐患			其中：列入治理计划的重大隐患						
		排查一般隐患	其中：已整改	整改率	排查重大隐患	其中：已整改销号	整改率	列入治理计划的重大隐患	落实治理目标任务	落实治理经费物资	落实治理机构人员	落实治理时间要求	落实安全措施应急预案	累计落实治理基金
个	家	项	项	%	项	项	%	项	项	项	项	项	项	万元
	（1）	（2）	（3）	（4）	（5）	（6）	（7）	（8）	（9）	（10）	（11）	（12）	（13）	（14）

单位负责人：　　　　　　　审核：　　　　　　　填表人：　　　　　　　联系电话：

注　1. 表中数据关系：(8)≤(5)−(6)；(9)～(13) 分别不大于 (8)。

2. 一般隐患，指危害和整改难度较小，发现后能立即整改排除的隐患。

3. 重大隐患，指危害和整改难度较大，应当全部或局部停产停业，并经过一定时间整改治理方能排除的隐患；或者因外部因素影响致使生产经营单位自身难以排除的隐患。

4. 列入治理计划的重大隐患，指在排查出的重大隐患中，一时难以整改，需要在以后全部或者局部停业停产治理，且已经列入治理计划的隐患。

附表3　主要危险、有害因素分布一览表

序号	危险和有害因素	所　在　部　位
1	火灾、爆炸	风电机组、升压站、集控中心及其配电装置、控制室、电缆层
2	触电	风电机组、升压站、集控中心及其配电装置、控制室、电缆层
3	腐蚀、坍塌	风电机组、升压站、集控中心
4	中毒、窒息	风电机组、升压站、集控中心
5	高处坠落	风电机组、升压站、集控中心
6	物体打击	风电机组、升压站、集控中心

续表

序号	危险和有害因素	所　在　部　位
7	机械伤害	风电机组、升压站、集控中心
8	淹溺、海上交通伤害	风电场、升压站
9	噪声、高低温	风电机组、升压站、集控中心
10	电磁辐射	升压站、集控中心

附表4　海上风电场全过程危险因素识别表

序号	产生危害的作业活动/场所	危险的描述	可能的后果/伤害	现有控制措施	风险等级（根据风险矩阵）			是否接受风险	进一步控制措施	是否构成重大危险
					可能性	后果严重程度	风险等级			
1　钢结构制造										
1.1	制造厂地半成品吊装	起重伤害	吊物损坏、人员伤害	执行“十不吊”规定	B	3	L	是		否
1.2	发运时的吊装	设备故障导致起重机械溜钩	吊物损坏、人员伤害	加强设备定期保养，做好吊装前的检查，执行“十不吊”的规定	B	3	L	是		否
1.3	高处作业	高处坠落	人员伤亡	高处作业必须佩戴安全带，且安全带尾绳必须高挂底用，挂扣在牢固物件上	A	3	L	是		否
1.4	焊接、切割	电源线、龙头线等漏电引起触电、灼烫	人员受伤	操作人员持证上岗，作业前进行检查，作业时严格执行操作程序，专职安全员加强巡回检查	B	2	L	是		否
1.5	焊接、切割	使用的氧乙炔皮管开关漏气	火灾	操作人员持证上岗，作业前进行检查，作业时严格执行操作程序，专职安全员加强巡回检查	B	2	L	是		否
1.6	制造基地车辆运输	车辆碰撞风险	人员伤亡、货物损坏	执行生产基地厂区车辆行驶及限速规定	B	2	L	是		否
1.7	高温作业	作业人员中暑	人员伤亡	作业时，错开高温时段；加强现场通风，作业人员做到轮班倒换；作业现场备妥防暑降温物品	C	2	L	是		否

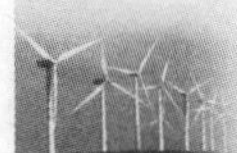

续表

序号	产生危害的作业活动/场所	危险的描述	可能的后果/伤害	现有控制措施	风险等级（根据风险矩阵）			是否接受风险	进一步控制措施	是否构成重大危险
					可能性	后果严重程度	风险等级			
2　船舶航行										
2.1	船舶航行	海上航行时遭遇台风、寒潮大风或浓雾	发生搁浅、碰撞、沉没船舶损坏、施工区域内其他设施受损、人员伤亡	（1）船舶、人员证书符合规定要求。 （2）开航前收听气象，按规定进行开航前的检查，航段内的气象条件不满足航行时不开航。 （3）航行中遇到能见度不良或大风天气时，及早选择安全水域锚泊	A	4	L	是		否
2.2		船舶大风浪中航行发生货物移位	货物、船体损坏，船舶发生横倾危及船舶安全	（1）严格按装船工艺进行装船绑扎。 （2）船舶开航前收听好航区内的气象信息，气象条件达不到开航条件时不开航，杜绝为抢工期冒险航行。 （3）进入风电场等卸货时收到寒潮大风或台风预警后，及时进港池内避风	A	2	L	是		否
2.3		船舶机电设备故障后失控	发生碰撞、搁浅、施工区域内的其他设施受损、人员伤亡	（1）参与项目施工的船舶按规定做好保养检查，确保设备正常运转。 （2）当班人员按值班规定值班，及早发现异常，及时处置。 （3）船上按规定备好相应物资	A	4	L	是		否
2.4		驾驶员走错航路搁浅、误入渔网区	耽误生产、船舶受损	（1）参与作业船舶配备合格的船员。 （2）船上配齐航经水域的海图资料。 （3）值班人员严格执行船舶航行值班制度。 （4）能见度达不到开航要求时禁止开航，航行中的船舶按规定及早选择安全水域锚泊扎雾	B	3	L	是		否

续表

序号	产生危害的作业活动/场所	危险的描述	可能的后果/伤害	现有控制措施	风险等级（根据风险矩阵）			是否接受风险	进一步控制措施	是否构成重大危险
					可能性	后果严重程度	风险等级			
2.5	船舶航行	船舶油污染风险	船舶碰撞、触损、搁浅、船体结构缺陷、船舶燃油系统缺陷或由于误操作导致油品入江、海引起水域环境的污染	（1）按规定做好开航前检查，人员配备、航海图、助航设备、机械设备均处于正常状态。 （2）船员严格遵守值班制度和操作规程。 （3）气象条件达不到要求禁止开航，航行中遇风、能见度不良及早选择安全水域抛锚扎风扎雾。 （4）船员按规定开展好防污染演习	A	3	L	是		否
3　风电场内移泊、锚泊										
3.1	施工区域的船舶移泊、抛起锚作业	船舶失控、船舶断锚、走锚	船舶之间、船舶与风电机组基础桩之间发生碰撞船舶损坏、风电机组基础桩损坏	（1）严格执行水上作业管理规定，船长熟知风电场海缆路由图。 （2）移锚时按工程船大小及当时风流情况配备合适的拖轮、锚艇。 （3）每次起抛锚时对锚及锚缆进行检查、保养。 （4）施工区域配备应急拖轮。 （5）当时气象、海况、工程船舶所处位置具备移泊条件	C	2	L	是		否
3.2	施工平台拔桩、移泊、插桩	风电机组平台拔、插桩风险	影响生产进度，平台设备损坏	（1）每次拔桩、插桩前按规定制定操作方案，各操作人员分工明确，清楚操作方案和注意事项，通信畅通。 （2）收听好气象信息，在气象、海况条件满足要求方可作业。 （3）作业时严格按操作方案进行操作，每次插拔桩时，4个桩腿边上需安排专人观察，驾驶台有专人操作	B	2	L	是		否

续表

序号	产生危害的作业活动/场所	危险的描述	可能的后果/伤害	现有控制措施	风险等级（根据风险矩阵）			是否接受风险	进一步控制措施	是否构成重大危险
					可能性	后果严重程度	风险等级			
3.3	施工区域内作业船舶	遭遇台风、寒潮大风对施工区域内的船舶影响	船舶失控走锚后造成船舶损坏、货物损坏、施工区域内的风电机组基础桩损坏	（1）及时收集气象信息，按应急预案规定进行防抗台工作。 （2）航行、吊装作业前关注气象信息，根据预警信息及现场实际作业及天气情况，留足航行、吊装所需的时间，禁止在恶劣天气来临前冒险航行和吊装作业。 （3）遇到突发天气时，立即停止吊装，固定好吊臂和钩头。 （4）来不及撤出风电场的船舶要加抛锚链，备妥主机	B	3	L	是		否
4 沉桩作业										
4.1	运桩船靠泊施工船	船舶碰撞、挂施工船锚缆、人员落水、受伤风险	船舶损坏、人员溺亡	（1）现场气象海况不满足靠泊施工条件时不靠泊。 （2）靠泊时带缆人员按规定穿戴好劳防用品，施工船协助运输船带缆，带缆人员严格遵守水手操作规程。 （3）合理选择靠离泊时间和锚艇协助申请	C	2	L	是		否
4.2	基础桩挂钩	人员落水风险	人员溺亡	（1）上运输船挂钩人员需穿好救生衣，戴好安全帽。 （2）运输船与施工船之间需搭设安全通道。 （3）在运输船上舷边行走时注意脚下，防止绊倒滑跌	B	3	L	是		否
		高处滑跌坠落风险	人员伤害	（1）基础桩上需系上安全绳。 （2）人员上基础桩挂钩时使用直梯需要有人扶，挂钩人员严格遵守项目部制定的《登高作业管理规定》。 （3）涌浪大，运输船摇晃幅度大时不作业。 （4）作业工具入袋，禁止抛掷	B	3	L	是		否

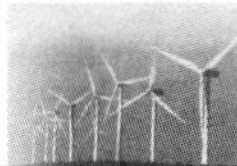

续表

序号	产生危害的作业活动/场所	危险的描述	可能的后果/伤害	现有控制措施	风险等级（根据风险矩阵）			是否接受风险	进一步控制措施	是否构成重大危险
					可能性	后果严重程度	风险等级			
4.3	基础桩吊装	指挥失误起重机械溜钩	碰撞船舶导致船舶损坏、产品损坏、人员伤害	（1）起重设备符合吊装工艺要求，吊装前按规定对、刹车装置、吊索具、吊耳进行检查，确认无异常后方可进行作业。 （2）起重指挥、司机持证操作，使用专门频道，起吊时通信畅通，吊物下方甲板严禁站人。 （3）严格执行公司体系文件《水上起重作业规定》（L3－LFO－001）中的外部起重作业规定和“十不吊”规定	B	3	L	是		否
4.4	基础桩翻桩作业	碰擦起重船臂架配合翻桩的脱钩装置故障、人员滑跌	起重船臂架损坏、无法脱钩、人员伤害	（1）吊装过程中的翻桩方案、配合翻桩的脱钩方式经过专家评审验证，实际施工过程中执行方案操作要求。 （2）气象条件满足吊装要求。 （3）起吊时，挂钩人员撤离运输船，无关人员严禁进入运输船甲板吊装区域，拉脱钩绳的人员注意脚下，防止滑跌绊倒，防止落水。 （4）运输船要等现场指挥通知方可离泊开航	B	3	L	是		否
4.5	基础桩进档	走锚、碰撞	基础桩碰撞稳桩平台	（1）起重船按施工方案抛好定位锚。 （2）起重船移船进档时，由专人专用频道负责指挥。 （3）避开急涨急落时段	C	2	L	是		否

续表

序号	产生危害的作业活动/场所	危险的描述	可能的后果/伤害	现有控制措施	风险等级（根据风险矩阵）			是否接受风险	进一步控制措施	是否构成重大危险
					可能性	后果严重程度	风险等级			
4.6	基础桩沉桩	人员落水	人员溺亡	（1）临水作业人员、上稳桩平台操作人员穿好救生衣。 （2）登高、临水、舷外作业人员系好安全带。 （3）作业前检查船舶及稳桩平台临水处的栏杆，确保完好无缺，操作检查人员在稳桩平台上行走时要注意脚下，防止踩空滑跌入海。 （4）从稳桩平台进入基础桩人员需搭设安全通道，不在平台或基础桩上嬉戏打闹	B	3	L	是		否
		碰擦钢构件	人员受伤	（1）所有现场作业人员按规定戴好安全帽。 （2）吊装区域禁止无关人员进入。 （3）现场调整抱桩器的人员按规程操作	B	2	L	是		否
4.7		打锤时的噪声超标风险	人员听力受损	（1）作业人员按规定佩戴耳塞或耳罩。 （2）作业人员轮流替换，非施工人员远离打桩锤位置	A	1	L	是		否
4.8		明火作业风险	火灾、人员受伤	（1）操作人员持证上岗。 （2）电焊机上的接线正确，有防触电的保护装置。 （3）氧气、乙炔瓶按规定放置，瓶上的减压阀回火装置正常。 （4）明火作业过程中，龙头线有专人配合管理	B	2	L	是		否
4.9		4.9　液压锤液压管泄漏	环境污染、影响作业	（1）作业时所有操作人员执行操作规程。 （2）作业中液压管有专人看护负责管理。 （3）施工船舶备有液压管泄漏的应急处置方案，备妥相关防污器材	A	1	L	是		否

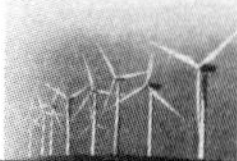

续表

序号	产生危害的作业活动/场所	危险的描述	可能的后果/伤害	现有控制措施	风险等级（根据风险矩阵）			是否接受风险	进一步控制措施	是否构成重大危险
					可能性	后果严重程度	风险等级			
5　砂被吊装										
5.1	砂被吊装	潜水作业风险	人员伤害	（1）潜水员需持证上岗，按操作规程操作。 （2）潜水探摸过程中，船上需安排专职人员与之沟通，保持氧气管供气正常，安全绳松放有序。 （3）潜水作业时段选择在平潮时段水流较缓时	A	1	L	是		否
5.2		人员落水	人员溺亡	（1）所有临水作业人员穿好救生衣。 （2）夜间作业时要有满足施工作业的照明条件。 （3）脱钩装置失灵，人需要到吊具上手动脱钩时，操作人员需穿好救生衣，戴好安全帽	C	2	L	是		否
5.3		高处坠物、人员碰擦吊具	人员受伤	（1）现场气象及海况满足施工条件。 （2）现场施工人员必须按规定戴好安全帽。 （3）现场系绳人员认真检查，确保所有绳索已系好后方可起吊。 （4）砂被起吊前所有挂钩系绳人员离开吊物下方	B	2	L	是		否
5.4		船舶走锚风险	人员受伤、船舶受损	（1）现场气象、海况条件满足施工要求。 （2）定位锚数量及出缆角度和长度符合工艺要求。 （3）施工时，船长注意观察本船动态，发现有走锚现象即时通知停止吊装，并备车	B	2	L	是		否
5.5		脱钩装置故障	无法脱钩、增加施工难度	（1）吊装前对脱钩装置进行检查试验，确认正常后再进行吊装。 （2）吊装前对脱钩用的气瓶压力进行检查确认	B	1	L	是		否

续表

序号	产生危害的作业活动/场所	危险的描述	可能的后果/伤害	现有控制措施	风险等级（根据风险矩阵）			是否接受风险	进一步控制措施	是否构成重大危险
					可能性	后果严重程度	风险等级			
				6　套龙吊装						
6.1	运输船靠离泊	船舶碰撞、人员落水	船体损坏、人员溺亡	（1）气象、海况条件不具备作业条件时不作业。 （2）所有临水作业人员穿好救生衣、戴好安全帽，施工船协助运输船带缆。 （3）施工船与运输船之间设立安全通道	B	3	L	是		否
6.2	挂钩、拆钩	人员落水、高处坠落	人员溺亡	（1）施工船与基础桩之间架设安全通道，挂钩人员上下运输船时走安全通道。 （2）套笼吊装索具在始发港就挂好，直接在甲板上挂钩，如需登高挂钩，挂钩人员需系好安全带。 （3）上基础桩上临水作业人员穿戴好劳防用品	A	3	L	是		否
6.3	吊装	吊装风险	套笼碰坏	吊装过程中严格执行“十不吊”规定，内平台吊装时内严禁将活动物品如“刹板”等放在内平台上一起吊装	A	1	L	是		否
6.4	安装格栏栅、箱梁紧固装置	高处坠落落海、人员受伤	人员溺亡、人员手指夹伤	（1）格栏栅垫片尺寸符合工艺规定标准，方便安装，安装人员配合到位。 （2）安装人员穿好救生衣，戴好安全帽。 （3）站在圈梁上的操作人员需系好安全带	B	1	L	是		否
6.5	搭地板焊接	明火作业风险	人员受伤	（1）操作人员持证上岗，按规定穿好劳防用品。 （2）电焊机上的接线正确，有防触电的保护装置。 （3）氧气、乙炔瓶按规定放置，瓶上的减压阀回火装置正常。 （4）明火作业过程中，龙头线有专人配合管理	B	2	L	是		否

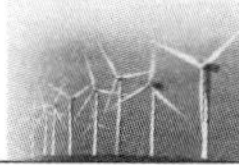

续表

序号	产生危害的作业活动/场所	危险的描述	可能的后果/伤害	现有控制措施	风险等级（根据风险矩阵）			是否接受风险	进一步控制措施	是否构成重大危险
					可能性	后果严重程度	风险等级			
7　设备过驳										
7.1	运输船靠离泊	碰撞、挂定位船锚缆风险	船舶损坏、锚缆损坏	（1）气象条件、海况条件不符合作业条件时不作业。 （2）定位驳船要给运输船留下足够的档位。 （3）靠泊时带缆人员按规定穿戴好劳防用品，定位驳船协助运输船带缆，带缆人员严格遵守水手操作规程。 （4）根据靠泊要求合理选择靠泊时间和锚艇协助申请	B	2	L	是		否
7.2	运输船上挂钩	人员落水、高处坠落	人员伤害	（1）现场操作人员穿好劳防用品，人员上下时的吊笼严禁超载。 （2）底段塔筒吊装拆罩盖挂钩时，操作人员需系安全带。 （3）利用直梯上高挂钩时，禁止手上持物登梯，上下需要有人看护。 （4）严禁在运输船上打闹，在舷边时注意防滑跌。 （5）挂钩时用的工具必须使用工具袋，严禁抛掷	B	1	L	是		否
7.3	吊装	吊装风险	人员伤害、货物碰损	严格执行“十不吊”规定	B	2	L	是		否
8　风电机组吊装										
8.1	履带吊吊装	行驶的甲板发生损坏塌陷	甲板损坏、履带吊倾覆	（1）甲板面加装钢板，使其承载压力大于起重机使用过程中的可能发生的最大接地压力。 （2）履带吊在吊装过程中在规定的线路上行驶。 （3）吊重行走设置为低速，并避免载荷摆动。 （4）工作时的风速不超过主臂工况工作时允许的风速。 （5）操作平稳，避免急停和急起	A	2	L	是		否

续表

<table>
<tr><th rowspan="2">序号</th><th rowspan="2">产生危害的作业活动/场所</th><th rowspan="2">危险的描述</th><th rowspan="2">可能的后果/伤害</th><th rowspan="2">现有控制措施</th><th colspan="3">风险等级（根据风险矩阵）</th><th rowspan="2">是否接受风险</th><th rowspan="2">进一步控制措施</th><th rowspan="2">是否构成重大危险</th></tr>
<tr><th>可能性</th><th>后果严重程度</th><th>风险等级</th></tr>
<tr><td>8.2</td><td>履带吊吊装</td><td>吊物与船体或主吊碰擦</td><td>吊物坠落、设备损坏</td><td>（1）每一吊均有专人指挥，无人指挥时不操作。
（2）吊装过程中严格执行“十不吊”规定</td><td>B</td><td>2</td><td>L</td><td>是</td><td></td><td>否</td></tr>
<tr><td>8.3</td><td>履带吊抬吊</td><td>吊物坠落或碰擦</td><td>吊物损坏、船体损坏、设备损坏</td><td>（1）确定好工作程序，有专人负责指挥，现场监督。
（2）指挥、操作人员清楚地知道载荷的重量及重心。
（3）禁止倾斜的拉动载荷。
（4）协同工作的起重机提升能力大致相同。
（5）作业时气象条件中的风速符合吊装要求。
（6）操作平稳，避免急停和急起</td><td>A</td><td>2</td><td>L</td><td>是</td><td></td><td>否</td></tr>
<tr><td>8.4</td><td>塔筒吊装</td><td>人员落水
高处坠物
碰撞、挤压</td><td>人员受伤、淹溺</td><td>（1）安装人员进入基础桩时，穿好救生衣，戴好安全帽。
（2）吊装时风力小于10m/s。
（3）底段塔筒吊装时，拉揽风绳人员注意脚下，防止绊倒滑跌，注意塔筒距离，防止碰到。
（4）进入塔筒内爬直梯时，需系好挂滑块的安全带。
（5）塔筒内使用电梯时，严禁超载。
（6）工属具必须放在工具包内传递</td><td>B</td><td>2</td><td>L</td><td>是</td><td></td><td>否</td></tr>
<tr><td>8.5</td><td>机舱顶构件、发电机组装</td><td>高处跌落</td><td>人员受伤</td><td>（1）登高作业时，按规定系好安全带，戴好安全帽。
（2）上梯子作业时，需要有专人看护。
（3）雨天不作业</td><td>B</td><td>2</td><td>L</td><td>是</td><td></td><td>否</td></tr>
</table>

续表

序号	产生危害的作业活动/场所	危险的描述	可能的后果/伤害	现有控制措施	风险等级（根据风险矩阵）			是否接受风险	进一步控制措施	是否构成重大危险
					可能性	后果严重程度	风险等级			
8.6	机舱吊装	吊装风险	设备损坏	（1）吊装时风力小于8m/s。 （2）登高作业时，按规定系好安全带，戴好安全帽。 （3）吊装指挥与起重司机之间通信畅通	A	2	L	是		否
8.7	叶片拼、吊装	象腿工装开裂	甲板撕裂、叶片受损	（1）拼装时间段内气象条件满足要求。 （2）拼装前对象腿工装进行检查，必要时加焊。 （3）吊装时风力小于8m/s。 （4）拼装好后，因大风未能吊装的，则要将叶片进行变桨，减少叶片的受风面，减少阻力	B	1	L	是		否
8.8	叶片拼、吊装	碰撞、高空坠落	设备损坏、人员伤害	（1）风电机组拼、吊装时，有专人指挥，指挥人员与起重司机保持通信畅通，用语简洁明了，拉揽风绳人员听从指挥的指令。 （2）出机舱打硅胶人员、拆钩人员系好安全带，专人看护	B	2	L	是		否
8.9	塔筒风电机组打力矩	力矩超打	延长工期	（1）按规定对打力矩的工具力矩扳手和泵站进行定期校验。 （2）打力矩前按操作规程将螺栓上均匀涂好二硫化钼，并安排专人负责打力矩。 （3）雨天或湿度大时，不作业	B	1	L	是		否
8.10	塔筒内临时用电	触电风险	人员伤害	（1）作业人员执行《安全用电管理制度》。 （2）严禁违章作业，私拉乱接，安全员加强现场巡回检查。 （3）危险地段使用安全电压。 （4）安排专业人员专职管理临时供电线路，做好检查维护工作	A	3	L	是		否

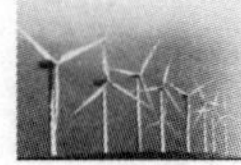

续表

序号	产生危害的作业活动/场所	危险的描述	可能的后果/伤害	现有控制措施	风险等级（根据风险矩阵）			是否接受风险	进一步控制措施	是否构成重大危险
					可能性	后果严重程度	风险等级			
8.11	塔筒内安装作业	夏季施工现场高温环境	人员中暑、窒息	（1）收到高温预警后，现场施工负责人组织生产时错开中午高温时段。 （2）作业中施工人员采取轮流换班。 （3）现场备妥防暑降温物品。 （4）进入不通风的狭小空间作业时，要充分通风	B	3	L	是		否
9　海上施工										
9.1	海上施工	船舶厨房、生活区、机舱发生火灾	船舶损坏、人员伤亡	（1）船舶严格执行船舶防火规定，做好机舱、厨房、船员舱室的防火工作。 （2）上船作业的施工工人严格执行船舶防火规定，必须在指定地点抽烟，严禁抽烟和乱扔烟头。 （3）禁止在船员舱室使用大功率电器。 （4）施工区域严格执行明火作业规定。 （5）船上按规定检查消防器材和开展消防演练	B	3	L	是		否
9.2	海上交通	乘坐交通船、上下施工船人员落水	人员溺亡	（1）交通船配备合格的驾驶员。 （2）船上配有相应的助航设备和海图。 （3）接送人时，乘员不超过交通船允许的乘员人数。 （4）风力、能见度达不到开航条件时，不开航。 （5）人员上下交通船时进行安全告知，上下有人监护，从码头出发人员必须从拖轮囤船码头上下；到海上时必须直接靠泊振驳17，振驳17上必须派船员在现场进行监护，人员上船后即时恢复栏杆。上施工船乘吊笼时，禁止站在笼内，禁止超载。 （6）交通船上配备备用安全帽和救生衣	B	3	L	是		否

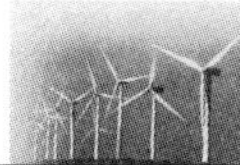

续表

序号	产生危害的作业活动/场所	危险的描述	可能的后果/伤害	现有控制措施	风险等级（根据风险矩阵）			是否接受风险	进一步控制措施	是否构成重大危险
					可能性	后果严重程度	风险等级			
9.3	施工水域起重船吊装	在吊装过程中发生吊装危险	人员受伤、设备损坏、吊物损坏	（1）吊装前现场施工负责人向所有作业人员进行安全技术交底。 （2）施工时严格执行公司体系文件《水上起重作业规定》（L3－LFO－001）中的外部起重作业规定执行	B	3	L	是		否
9.4	施工水域双起重船抬吊安装	在吊装过程中配合不到位发生吊装危险	人员受伤、设备损坏、吊物损坏	（1）吊装前现场施工负责人组织参与作业起重船船长、指挥、司机进行安全技术交底。 （2）施工时严格执行公司体系文件《水上起重作业规定》（L3－LFO－001）中的外部起重作业规定执行。 （3）作业中保持通信畅通	B	3	L	是		否
10　消缺										
10.1	交通	人员登乘交通船或机位时落海	淹溺、高处坠落	（1）消缺人员出海前按规定经地安全教育，气象海况不允许时不安排出海。 （2）登乘交通船、机位时按规定穿好救生衣。 （3）登机位爬直梯时，挂好防坠器，上下人员只能按序轮流进行，直梯上不能同时有两个人同时上下	A	3	L	是		否
10.2	塔筒内消缺	进入风电机组消缺时塔筒内硫化氢气体超标、塔筒门撞击人员	人员伤害	（1）项目部配备硫化氢检测仪，消缺人员上风电机组时带上，在打开塔筒门后通风一段时间，进行检测，确认未超标后方可进入消缺。 （2）打开塔筒门后，及时将塔筒门的插销插好，防止突然关闭时伤人	A	3	L	是		否

续表

<table>
<tr><th rowspan="2">序号</th><th rowspan="2">产生危害的作业活动/场所</th><th rowspan="2">危险的描述</th><th rowspan="2">可能的后果/伤害</th><th rowspan="2">现有控制措施</th><th colspan="3">风险等级（根据风险矩阵）</th><th rowspan="2">是否接受风险</th><th rowspan="2">进一步控制措施</th><th rowspan="2">是否构成重大危险</th></tr>
<tr><th>可能性</th><th>后果严重程度</th><th>风险等级</th></tr>
<tr><td>10.3</td><td rowspan="2">塔筒内消缺</td><td>人员操作时高空坠物、高处坠落、触电、火灾</td><td>人员伤害、设备损坏</td><td>（1）消缺人员上风电机组消缺前主管需按规定到业主处开工作票，按照业主核定允许的机位号进行消缺。
（2）同一段塔筒内的直梯上不得两个人同时登梯，等一人到达上一节休息平台后，并将平台盖板盖上后，另一个人方可再行登梯。
（3）使用塔筒内电梯时，遵守电梯操作规程。
（4）不超范围工作，不进入不触碰与本次消缺无关的舱室和设备，禁止在塔筒内抽烟</td><td>B</td><td>2</td><td>L</td><td>是</td><td></td><td>否</td></tr>
<tr><td>10.4</td><td>消缺人员将工具、垃圾遗留在塔筒内或将垃圾直接抛掷入海</td><td>设备损坏、环境污染</td><td>（1）进入机位前对工具备件进行清点，离机位时再次清点，确保无遗漏。
（2）入场安全教育时做好培训，进机位前备妥垃圾袋，风电机组时将所有垃圾带上船后按规处理</td><td>A</td><td>3</td><td>L</td><td>是</td><td></td><td>否</td></tr>
<tr><td colspan="11">11　办公区域</td></tr>
<tr><td>11.1</td><td>汽车使用</td><td>违规使用</td><td>车辆伤害</td><td>（1）持证上岗，出车前按规定进行检查。
（2）按规行车，严格执行交通规则，禁止疲劳作业</td><td>B</td><td>3</td><td>L</td><td>是</td><td></td><td>否</td></tr>
<tr><td>11.2</td><td>厨房罐装煤气使用</td><td>违规使用</td><td>火灾、爆炸</td><td>（1）使用时人不得离开现场，用完后即时关闭总阀。
（2）按规定对灶具进行检查。
（3）厨房外放置灭火器</td><td>B</td><td>3</td><td>L</td><td>是</td><td></td><td>否</td></tr>
</table>

续表

序号	产生危害的作业活动/场所	危险的描述	可能的后果/伤害	现有控制措施	风险等级（根据风险矩阵）			是否接受风险	进一步控制措施	是否构成重大危险
					可能性	后果严重程度	风险等级			
11.3	厨房食品卫生	管理不严	食物中毒	（1）厨房操作人员掌握食品安全知识，按要求操作，养成良好的个人卫生习惯。 （2）设置防蝇、防鼠等设施，安全有效。 （3）厨房半成品存放按食品卫生要求冷熟分开，避免交叉感染。 （4）严禁使用再生塑料盒。 （5）厨房用餐具、容器必须定期消毒。 （6）项目部开展定期检查	B	3	L	是		否
11.4	办公照明用电	违章操作	触电	（1）照明灯具和器材绝缘良好，符合国家规定。 （2）照明线路布置整齐，相对固定，灯具高度不低于2.5m。 （3）照明线路不得接触潮湿地面，不得靠近热源或直接绑扎在金属构架上。 （4）照明开关应控制相线	A	4	L	是		否
11.5	地面、楼梯	滑跌、摔倒	人员摔伤	（1）提高办公安全意识。 （2）经常清理障碍物，保持办公室整洁有序。 （3）打扫卫生，保持楼道、地面清洁干燥	B	1	L	是		否
11.6	办公室、宿舍	火灾	人员伤害	（1）办公室禁止抽烟、宿舍禁止睡在床上抽烟。 （2）禁止在宿舍使用大功率电器。 （3）严禁在办公室和宿舍私拉乱接电线，人离开房间及时关闭空调。 （4）梯道间配备灭火器，定期对灭火器检查	A	3	L	是		否

续表

序号	产生危害的作业活动/场所	危险的描述	可能的后果/伤害	现有控制措施	风险等级（根据风险矩阵）			是否接受风险	进一步控制措施	是否构成重大危险
					可能性	后果严重程度	风险等级			
11.7	办公室、宿舍	失窃	资料、物品丢失	(1) 节假日按规定安排专人值班。 (2) 每天下班后及时关闭办公室、会议室的防盗门和卷帘	A	1	L	是		否
11.8	项目部人员出差、外出交通	交通事故	人员伤害	(1) 项目部车辆聘用专职司机，司机出车前坐好安全检查，不违章行车。 (2) 出差或外出人员乘坐安全的公共交通工具	B	3	L	是		否

12　环境有害因素识别

工序/活动	环境因素名称	产生的污染物/资源消耗								涉及场所			状态			时态			评价		是否重要环境因素	控制措施
		废气	废水	噪声	固体废弃物	能源消耗	自然资源消耗	放射性物质	电磁辐射	岸基区域	船舶	项目海域	正常	异常	紧急	过去	现在	将来	是非法	打分法		
明火作业	电焊渣、强弧光辐射、氧气、乙炔等气体消耗	√			√		√			√	√		√				√		√		否	分类垃圾桶、作业时佩戴劳防用品、不作业时将气源关闭
油漆施工	油漆泄漏、废弃				√	√				√	√	√	√				√		√		否	未用完的油漆禁止抛洒入海，集中回收处理、做到工完料清场地净
大型机械设备使用	废气、噪声、废油	√		√		√				√			√				√		√		否	按规定进行维修保养，防止泄漏
办公用品使用	电脑、空调、饮水机等用电设备的电消耗、纸张消耗、墨盒更换废弃、电脑废弃件				√	√	√			√	√		√				√		√		否	办公场所通风良好、生活垃圾分类存放、办公室人员离开时随手关灯、关空调，节约用纸，废弃物统一收集由资质单位处理
船舶主辅机运转	机舱油棉纱、废油、废水、废气、噪声	√	√	√	√	√	√				√	√	√				√		√		否	分色垃圾桶、油水处理器、耳塞
船舶生活污水排放	废水		√								√	√	√				√		√		否	使用船舶生活污水处理装置

续表

工序/活动	环境因素名称	产生的污染物/资源消耗								涉及场所			状态			时态			评价		是否重要环境因素	控制措施
		废气	废水	噪声	固体废弃物	能源消耗	自然资源消耗	放射性物质	电磁辐射	岸基区域	船舶	项目海域	正常	异常	紧急	过去	现在	将来	是非法	打分法		
船舶生活垃圾排放	生活垃圾排放				√						√	√	√				√		√		否	执行船舶垃圾管理计划规定
装配作业产生的废弃物	电缆线接头、废弃螺栓、螺帽				√						√	√	√				√		√		否	作业结束将废弃物放入移动垃圾桶，集中回收
设备维修	油棉纱等废弃物				√						√						√		√		否	油污破布、废弃物等分类放入移动垃圾桶，集中回收
海上吊装、沉桩作业	噪声、废弃物			√	√	√						√	√				√		√		否	避开海洋鱼类产卵高峰期，优化生产工艺，减少作业时间；吊装现场各类废弃物放入分色垃圾桶，沉桩作业时施工人员戴好耳塞或耳罩
船舶航行、施工水域作业海损溢油、操作性溢油	燃油泄漏						√				√	√	√				√		√		否	无论是航行还是在施工水域作业，船舶按规操作，按规定进行溢油演练，杜绝溢油污染海洋的现象发生

附表 5　风电机组塔架和机组变压器安全标识设置标准

序号	标识类型	图形符号	名称	设置范围和地点
1	禁止标识		禁止吸烟	塔架内底部、危险品存放点等
2			禁止烟火	塔架入口处、机组变压器附近、危险品存放处等

续表

序号	标识类型	图形符号	名称	设置范围和地点
3	禁止标识		禁止翻越	禁止翻越的安全遮栏等
4			禁止启动	暂停使用的设备附近，如设备检修、更换零件等
5			禁止停留	对人员有直接危害的场所，如升降机后侧的塔架壁上
6			禁止入内	易造成事故或对人员有伤害的场所入口处，如塔架入口处机组变压器
7			禁止堆放	消防器材存放、塔架内通道处、消防通道
8			禁止攀登	高压配电装置构架上的爬梯上
9			禁止抛物	抛物易伤人的地点，如高处作业现场等

续表

序号	标识类型	图形符号	名称	设置范围和地点
10	禁止标识		雷雨天气请勿靠近	易造成雷击事故的场所入口处或设备，如塔架入口处机组变压器
11	警告标识		注意安全	易造成人员伤害的场所入口处，如塔架入口处机组变压器
12			当心触电	有可能发生触电危险的电气设备和线路，如箱变、开关、带电设备固定遮栏
13			当心电缆	暴露的电缆，如塔架内电缆上
14			当心坠落	易发生坠落事故的生产或检修作业场所，如塔架爬梯上
15			当心碰头	塔架内休息平台处
16			当心落物	高处作业且易发生落物的风电场，设置安全告示牌

续表

序号	标识类型	图形符号	名称	设置范围和地点
17	指令标识		必须戴安全帽	生产或检修作业场所
18			必须系安全带	易发生坠落危险的生产或检修作业地点，如高处建筑、检修、安装等处
19	提示标识	从此上下	从此上下	工作人员可以上下的铁（构）架、爬梯上
20	消防安全标识		灭火器	塔架内灭火器存放处

附表 6　海底电缆安全标识设置要求

序号	标识类型	图形符号	名称	设置范围和地点
1	禁止标识	海底电缆保护区界牌 海底电缆保护区为线路两侧各两海里（港内为两侧各100m）不得在海底电缆保护区内抛锚、拖锚！ 电力线路保护行政主管单位　联系电话:XXXXXXXX 电力设施产权所有单位　联系电话:XXXXXXXX	海底电缆保护区界牌	设置在海底电缆通道内的保护区界
2		禁止抛锚	海底电缆禁止抛锚标示牌	设置在海底电缆管道保护区内安全警示立牌

续表

序号	标识类型	图形符号	名称	设置范围和地点
3	禁止标识		海底电缆路径位置标识牌	设置在海底电缆管道保护区内安全警示立牌

附表 7　海上升压站和陆上集控中心安全标志设置要求

序号	标识类型	图形符号	名称	设置范围和地点
1			禁止吸烟	设备区入口、控制室、继保室、蓄电池室、配电装置室、危险品存放地点等
2			禁止烟火	控制室、继保室、蓄电池室、配电装置室、检修场所、危险品存放地点等
3	禁止标识		禁止用水灭火	继保室、配电装置室、通信室等
4			禁止停留	对人员有直接危害的场所，如 GIS 室 SF_6 设备防爆棚附近、高处作业现场、吊装作业现场等
5			禁止翻越	禁止翻越的安全遮栏、围墙等

续表

序号	标识类型	图形符号	名称	设置范围和地点
6	禁止标识		禁止启动	暂停使用的设备附近，如设备检修、更换零件等
7			禁止入内	易造成事故的场所，如高压设备室入口等
8			禁止靠近	禁止靠近的危险区域，如高压配电装置区、主变压器
9			禁止堆放	消防器材存放处、消防通道、逃生通道及升压站主通道、安全通道等处
10			禁止穿化纤服装	设备区入口、电气检修试验、焊接及有易燃易爆物质的场所
11			禁止开启无线电通信设备	继保室等
12			禁止合闸	一经合闸即可送电到施工设备的断路器（开关）操作把手上等

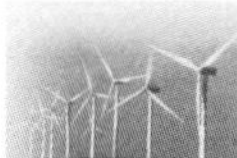

续表

序号	标识类型	图形符号	名称	设置范围和地点
13	禁止标识		禁止分闸	接地刀闸与检修设备之间的断路器（开关）操作把手上等
14			禁止攀登	高压配电装置架构的爬梯上，变压器等设备的爬梯上
15			禁止使用雨伞	升压站生产区域入口处
16	警告标识		注意安全	易造成人员伤害的场所入口处，如塔架入口处机组变压器
17			注意通风	GIS室、SF_6设备室、蓄电池室、电缆通道等
18			当心中毒	GIS室、SF_6设备室入口处，使用有毒物质的场所
19			当心火灾	易发生火灾的危险场所，如电气检修试验、焊接或有易燃易爆物质的场所

续表

序号	标识类型	图形符号	名称	设置范围和地点
20	警告标识		当心爆炸	易发生爆炸的危险场所，如易燃易爆物质的使用地点或受压容器等
21			当心触电	有可能发生触电危险的电气设备和线路，如配电装置室带电设备固定遮栏上等
22			当心电缆	暴露的电缆或地面下有电缆处施工的地点
23			当心腐蚀	蓄电池室入口处
24			当心滑倒	易造成伤害的滑跌地点，如地面有油、冰、水等物质
25			接地端标志	需要接地或检修的电气设备、设施附近

续表

序号	标识类型	图形符号	名称	设置范围和地点
26	指令标识		必须戴安全帽	处于办公室、控制室、值班室外的生产或检修作业现场
27			必须系安全带	易发生坠落危险的生产或检修作业地点，如高处建筑、检修、安装等
28	提示标识	在此工作	在此工作	工作地点或检修设备上
29		从此上下	从此上下	工作人员可以上、下的铁（构）架、爬梯上
30		从此进出	从此进出	工作地点遮栏的出入口处
31		×××kV 设备不停电时的 安全距离	安全距离	设置在设备区入口处，标示不同电压等级带电体与人体最小安全距离
32			应急避难场所	升压站内应急状态下供人员紧急疏散、临时避难的安全场所

续表

序号	标识类型	图形符号	名称	设置范围和地点
33	提示标识		应急电话	安装应急电话的地点
34			急救点	根据场址布置宜设置在中控室或固定的医疗点
35	消防安全标识		消防手动启动器	设在火灾报警系统或固定灭火系统等的手动启动器附近
36		 119	火警电话	安装火警电话的地点
37		 消火栓 火警电话:119 厂内电话:××× A001	消火栓箱	建构筑物内外的消火栓处
38			地上消防栓	固定在距离消防栓 1m 的范围内，不得影响消防栓的使用

续表

序号	标识类型	图形符号	名称	设置范围和地点
39	消防安全标识		消防水带	指示消防水带、软管卷盘或消防栓箱的位置
40			灭火器	指示灭火器的位置，悬挂在灭火器、灭火器箱的上方。泡沫灭火器上应标注有“不适用与电火”字样
41		×号消防沙箱	消防沙箱	消防沙箱附近醒目位置
42		防火重点部位 名　　称: 责任部门: 责 任 人:	防火重点部位标志牌	防火重点部位或场所的指定位置
43			紧急出口	便于安全疏散的紧急出口处，与方向箭头结合设在通向紧急出口的通道、楼道口处
44	安全警示线		禁止阻塞线	标注在地下设施入口盖板或其他孔、洞盖板上；标注在消防器材存放处；标注在通道旁边的配电柜前等

续表

序号	标识类型	图形符号	名称	设置范围和地点
45	安全警示线	设备屏 设备屏	安全警戒线	设置在控制屏、保护屏、配电屏和高压开关柜等设备周围，安全警戒线至屏面的距离宜为600～800mm
46			防止碰头线	标注在人行通道高度不足 1.8m 的障碍物上
47			防止绊脚线	标注在人行通道地面上高差 0.3m 以上的管线或其他障碍物上，如挡鼠板上等
48			防止踏空线	标注在楼梯的第一行台阶上；标注在人行通道高差 0.3m 以上的边缘
49			接地装置警戒线	标注在电气装置和设施明敷的接地线表面

参 考 文 献

[1] 中国安全生产协会注册安全工程师工作委员会，中国安全生产科学研究院. 安全生产管理知识（2011年版）[M]. 北京：中国大百科全书出版社，2011.

[2] 赵振宙，王同光，郑源. 风力机原理 [M]. 北京：中国水利水电出版社，2016.

《风电场建设与管理创新研究》丛书
编辑人员名单

总 责 任 编 辑　营幼峰　王　丽

副总责任编辑　王春学　殷海军　李　莉

项 目 执 行 人　汤何美子

项 目 组 成 员　丁　琪　王　梅　邹　昱　高丽霄　王　惠

《风电场建设与管理创新研究》丛书
出版人员名单

封面设计　李　菲

版式设计　吴建军　郭会东　孙　静

责任校对　梁晓静　黄　梅　张伟娜　王凡娥

责任印制　黄勇忠　崔志强　焦　岩　冯　强

责任排版　吴建军　郭会东　孙　静　丁英玲　聂彦环